WIE DAS
STAUNEN
INS
UNIVERSUM
KAM

Harald Lesch
Christian Kummer

WIE DAS STAUNEN INS UNIVERSUM KAM

EIN PHYSIKER UND EIN BIOLOGE ÜBER KLEINE BLUMEN UND GROSSE STERNE

Patmos Verlag

VERLAGSGRUPPE PATMOS

PATMOS
ESCHBACH
GRÜNEWALD
THORBECKE
SCHWABEN

Die Verlagsgruppe
mit Sinn für das Leben

3. Auflage 2017
Alle Rechte vorbehalten
© 2016 Patmos Verlag der Schwabenverlag AG, Ostfildern
www.patmos.de

Gestaltung: Finken & Bumiller, Stuttgart mit Dirk Wagner
Repro: Schwabenverlag AG, Ostfildern
Druck: Appl, Wemding
Hergestellt in Deutschland
ISBN 978-3-8436-0723-0 (Print)
ISBN 978-3-8436-0724-7 (eBook)

INHALT

DAS STAUNEN IST DER ANFANG VON ALLEM

STATT EINER EINLEITUNG

Zwei gestandene Wissenschaftler, ein Biologe und ein Astrophysiker, staunen. Sie staunen über eine kleine blaue Traubenhyazinthe. Ist das nicht ein bisschen übertrieben? Es gäbe da noch ganz andere Gewächse, die des Bestaunens mehr als nur würdig wären. Oder wie wäre es mit dem Sternenhimmel über uns, verlangte der nicht nach Bestaunung? Und überhaupt, wieso staunen diese beiden Wissenschaftler überhaupt? Vielleicht, weil sie ihr jeweiliges Interesse an der Naturwissenschaft mit philosophischer Reflexion und Lehrtätigkeit begleiten. Der kontroversen Natur der Philosophie (worüber ist man sich eigentlich einig in der Philosophie?) entstammt nämlich auch ihre Zügellosigkeit. Philosophie darf, ja muss alles infrage stellen dürfen, sie setzt sich keine Grenzen. Es ist ihre eigentliche Aufgabe, nach den Hintergründen zu fragen. So steht dann sogar das Staunen, das nach Aristoteles am Anfang jeder philosophischen Betrachtung steht, unter dem Brennglas einer philosophischen Analyse: Warum staunen wir, was ist Staunen überhaupt und was sind die Bedingungen des Staunens? Da staunen Sie?

Am 18. Februar 1829 schrieb Goethe an Eckermann: »Das Höchste, wozu der Mensch gelangen kann, ist das Erstaunen; und wenn ihn das Urphänomen in Erstaunen versetzt, so sei er zufrieden; ein Höheres kann es ihm nicht gewähren und ein Weiteres soll er nicht dahinter suchen; hier ist die Grenze.«

Das vorliegende Buch ist nicht der Versuch, dem Geheimen Rat aus Weimar zu widersprechen, aber wenigstens die Grenze etwas hinauszuschieben. Die kleine blaue Traubenhyazinthe hat ihm wahrscheinlich ebenfalls gefallen, vielleicht hat er sie gemalt oder sogar ein kleines Gedicht für und über sie geschrieben und dann? Goethe ist offensichtlich nicht auf den Gedanken gekommen, sie derart zu zerpflücken, wie wir das in unserem Buch tun; das Staunen über ihre Existenz war ihm wahrscheinlich genug. Wir aber wollen nicht nur staunen, wir wollen wissen, warum wir staunen. Unsere Erkenntnisse auf diesem Weg haben wir auf zwei verschiedene Arten beschrieben: biologisch und physikalisch.

Zwei Punkte scheinen uns wichtig zu sein.
Erstens: Man staunt nicht grundlos.
Zweitens: Staunen ist dem Menschen so eigen wie Glauben und Wissen.

STAUNEN WIR, WEIL WIR NICHT MEHR NUR GLAUBEN WOLLEN, ABER DOCH WISSEN, DASS WIR NICHT ALLES WISSEN KÖNNEN?

Was kann ich wissen? Immanuel Kant stellt diese Frage an den Anfang seiner Philosophie. Er stellt kurz und nüchtern fest, dass sich Wissen auf eigene, unausweichliche Einsicht gründet. Dies steht im Gegensatz zum Glauben, dem »Für-wahr-Halten« aufgrund der Mitteilung einer Autorität, der man vertraut. Und Wissen besteht im echten Sinne nicht nur in der Feststellung von irgendetwas, sondern im Erkennen eines tatsächlichen Sachverhalts aus seinen Gründen. Damit ist Wissen auf Vorgegebenes gerichtet. Es bekommt seine Einstellung zum Vergangenen, das schon bereit ist, während Glauben mehr auf das Kommende schaut. Vom Vergangenen kann man im geschichtlichen Sinne wissen, vom Zukünftigen gibt es kein echtes Wissen in diesem Sinn. Kant geht von Bereichen aus, bei denen nach seiner Einschätzung jeder Erfahrung vorangehendes Wissen besteht, Kant nennt das Wissen *apriori*. Wissen also, das man nicht erst durch Erfahrung erwirbt. Das ganze große Feld der Erkenntnis aus Gründen des wissenschaftlichen Wissens aber gründet sich auf Erfahrung. Alle Naturwissenschaft ist darauf gebaut. Dem um Wissen bemühten Menschen bietet sich die gesamte Natur als Anschauungsmaterial an. Alles, was direkt oder durch Mittel wie Mikroskope, Fernrohre, Beschleuniger etc. den Sinnen zugänglich ist. Hier sind wir im Raum der Erfahrung dessen, was wir nachprüfen können, was sich allen Menschen auferlegt und was Voraussagen, Vorausberechnungen, also auch Blicke in die Zukunft in beträchtlichem Umfang gestattet.

Für Kant hat die Natur ihre eigene Weise, sie ist unauslotbar tief und groß und reich gegliedert. Es ist nicht vorstellbar, dass der Mensch in seiner Erforschung der Natur je zum Abschluss kommen könnte. Naturwissenschaft ist echtes Wissen über die Naturdinge, aber es ist unvollständiges Wissen über die Natur und wird immer unvollständig bleiben. Die Fülle alles dessen, was in einer Naturgegebenheit und in einem Naturgegenstand beisammen ist, kann der Mensch nie ausschöpfen. Ob Zelle oder Elementarteilchen, ob Stern oder Galaxie, die Natur ist immer noch reicher; aber der einzelne Zug aus der Fülle der Zusammenhänge und Phänomene, der vom Forscher im Experiment isoliert gefragt wird, den gibt die Wissenschaft in Treue wieder. Und so wissen wir denn im echten Sinne vieles von der Natur und erfahren immer mehr.

Aber wir erfahren nicht alles, vielleicht staunen wir deshalb, weil wir etwas verstanden haben, was wir aber nicht in Sprache verwandeln können. Staunen wir, weil wir nicht mehr nur glauben wollen, aber doch wissen, dass wir nicht alles wissen können? Komme ich aus dem Staunen nicht mehr heraus, weil es gar nicht anders geht?

WIR WOLLEN NICHT NUR STAUNEN, WIR WOLLEN WISSEN, WARUM WIR STAUNEN.

Staunen ist eine Sache für sich, es ist nicht rational, es hat auch nichts Fokussierendes. Etwas zu bestaunen heißt, es nicht zu reduzieren, sondern ganz aufzunehmen, es ist eine im besten Sinne des Wortes ganz menschliche Urerfahrung. Staunen ist ein tiefes Gefühl der Überraschung, des Respekts und eben auch der Ehrfurcht vor dem Bestaunten. Vom Staunen ist man ganz ergriffen; es ist allen Menschen eigen, ob alt oder jung, Expertin oder Laie. Staunen ist auch ein Erlebnis von Grenze, anders ausgedrückt: Etwas entzieht sich unserer unmittelbaren Erkenntnis. Staunen erinnert an unsere Grenzen in Raum und Zeit, an die Grenzen unserer Möglichkeiten, an die Grenzen des Geistes. Und genau deshalb ist Staunen von grundlegender Bedeutung für die Wissenschaft, es ist manchmal der erste Fußabdruck des menschlichen Erkenntnisdrangs auf bis dahin noch völlig unbekanntem Terrain. Staunen ist ein erster Schritt, sich mit der Welt auseinanderzusetzen. Aristoteles beginnt seine Metaphysik mit dem Satz: »Denn Staunen veranlasste zuerst wie noch heute die Menschen zum Philosophieren«, und Thomas von Aquin meint: »Das Staunen ist eine Sehnsucht nach Wissen.« Ein berühmter Aphorismus von Einstein lautet: »Der Fortgang der wissenschaftlichen Entwicklung ist im Endeffekt eine ständige Flucht vor dem Staunen. Das schönste Erlebnis ist die Begegnung mit dem Geheimnisvollen. Sie ist der Ursprung jeder wahren Kunst und Wissenschaft. Wer nie diese Erfahrung gemacht hat, wer keiner Begeisterung fähig ist und nicht starr vor Staunen dastehen kann, ist so gut wie tot: Seine Augen sind geschlossen.«

Staunen gilt seit Platon als wesentliches Merkmal für einen an Erkenntnis und Einsicht interessierten Menschen. Über etwas zu staunen heißt, eine Beobachtung, eine Erzählung, eine Erklärung nicht mehr als selbstverständlich anzunehmen, Skepsis gegenüber der eigenen Sinneswahrnehmung zu hegen, Fragen zu stellen, statt bisher gültige Antworten zu übernehmen, gängige Deutungen zu modifizieren oder auch radikal abzulehnen. Das Staunen ist somit verschwistert mit dem Zweifel. Alte Denkwege erscheinen oft nicht mehr gangbar, die daraus entstehende denkerische Not drängt uns dazu, neue Antworten auf alte und bisweilen auch neue Fragen zu suchen und diese Behauptungen zu begründen.

Man kann also nicht einfach so losstaunen. Es muss schon etwas da sein, was zu kritisieren, zu hinterfragen oder zu verstehen ist. Man kann sich eben auch blöd staunen. Wenn man über alles staunt, dann bleibt nichts mehr. Das Staunen vergeht einem bei andauerndem Staunen, es nutzt sich ab. Hintergründiges Staunen verlangt nach Hintergrund. Unser Hintergrund ist die Wissenschaft. Wir sind Wissenschaftler. Uns interessiert die Vernetzung der Welt, das Ineinandergreifen von ganz verschiedenen Kräften, Feldern und Zusammenhängen, von Galaxien, Sternen, Planeten, Lebewesen, Zellen, bis zu den elementarsten Teilchen. Wir möchten wissen, wie es kommen konnte, dass sich aus einem extremen, sehr heißen, sehr energetischen, fast vollständig gleichmäßigen Anfang eine derart komplizierte und komplexe Welt entwickeln konnte. Wie kam es vom Urknall bis zum Gehirn, das über eine Traubenhyazinthe staunt?

Worüber wir am meisten staunen? Wir staunen über das Glück, die scheinbar grundlose Fröhlichkeit, für die es keine Rechtfertigungspflicht gibt, die nicht erzeugt werden kann. Menschen fühlen sich beim Staunen in ihrer Welt gut aufgehoben. Da muss nichts gemacht werden, es ist schon gemacht – und wie! Ganz schlicht ausgedrückt: Wir sind gemachte Leute, gemacht für eine Welt, die von einem dem Leben gegenüber merkwürdig wohl wollenden naturgesetzlichen Fundament durchzogen ist. Dieses Fundament ist geprägt von eng miteinander vernetzten Prozessketten und Kreisläufen, die andauernd neue Möglichkeiten erzeugen und ausprobieren, aber ohne die Welt gleich aus den Angeln zu heben. Winzige Abweichungen von der Normalität probieren sich aus. Bei Erfolg verstärken sie sich. Aus den kleinen Schwankungen werden Wellen, und es treten ab einer bestimmten Stufe ganz neue Erscheinungen in Erscheinung. Die Natur ist ein Geflecht von »Werden-Können«, aber »Noch-nicht-geworden-Sein«, ein andauernder Möglichkeitsdruck, der Neues erzeugen will, aber nicht um jeden Preis. Revolutionen, die alles bisher Dagewesene in den Schatten stellen, sind sehr selten in der Natur. Es sind vielmehr die Entwicklungen der »kleinen Schritte« oder der »ruhigen Hand«, die sukzessive, peu à peu die vorhandenen Möglichkeiten an den Bedingungen der Umwelt, zunächst nur an wenigen Lebewesen, ausprobiert. Dabei entscheidet immer der unmittelbare Erfolg, aber der Normalfall ist, dass nichts Neues passiert. Manchmal jedoch geschieht es doch, und etwas ganz Neues taucht auf - es emergiert. Aus dem Vorherigen wäre das jetzt Passierende nie ablesbar gewesen. Nicht durch pure Erhöhung der Zahl, nicht durch die Aneinanderreihung von immer mehr Einzelnen erschaffen sich neue Möglichkeiten, vielmehr ereignet sich etwas qualitativ Neues. Das Paradebeispiel dafür ist die Entstehung des Lebens.

WAS AN »BAURABÜEBLE« SO BESONDERS IST

PROLOG IM ZIMMER

»Also, diese kleinen blauen Hyazin-
then in unserem Garten, einfach eine
Wucht«, kam neulich mein Freund,
der Physiker, in mein Büro.

> »Ja, klar, Traubenhyazinthe Múscari
> botryoídes, ein typischer Früh-
> jahrsblüher«, antwortete ich und
> dachte in meiner abgebrühten Botani-
> ker-Seele, was denn daran so Beson-
> deres sei. Das ließ ich mir aber nicht
> anmerken, um den Flug der Begeiste-
> rung meines Gegenübers nicht allzu
> jäh abzubremsen. Sollte er ruhig auch
> einmal über etwas Lebendiges stau-
> nen, statt immer nur über seine
> Sterne. »Darüber sollten wir unbe-
> dingt zusammen was machen«, war
> der Lohn für meine Zurückhaltung.

»Was machen, womöglich ein Buch?«,
zögerte ich weiter, »über so etwas
Alltägliches?«

> »Ja, genau«, kam die Antwort, »ist
> doch verrückt, dass das Universum in
> 15 Milliarden Jahren so etwas zuwege
> bringt.«

»Aber doch nicht nur das, sondern
einen ganzen Haufen anderes Zeug
auch noch!«

»Und, was macht das für einen Unterschied? Das ganze Universum braucht es, um so etwas wie die Traubenhyazinthe hervorzubringen, genauso, wie für alles andere Leben auch!«

Da war es auf dem Tisch – das anthropische Prinzip in »traubenhyazinthischer« Version sozusagen. Warum eigentlich nicht? Die Idee war geboren. »Lass uns von beiden Seiten beginnen, wie beim Tunnelbau, bei dem ein Berg von zwei Seiten angebohrt wird. Ich als Biologe beginne mit der Traubenhyazinthe und frage zurück nach den Bedingungen, wie sich Leben auf der Erde entwickeln konnte. Du als Astrophysiker beginnst beim Urknall und fragst danach, wie ein Planet entstehen konnte. Vom Urknall zum bewohnbaren Planeten Erde; von der Ursuppe bis zur Traubenhyazinthe.«

TRAUBENHYAZINTHE: DIE HEIMLICHE HAUPTDARSTELLERIN – ATTRAKTIV NICHT NUR FÜR PHYSIKER.

DAS
STAUNEN
EINES
BIOLOGEN

BLAUES WUNDER TRAUBENHYAZINTHE

Es hilft nichts: Man muss hinaus ins Feld, in die noch braunen
Vorfrühlingswiesen der Schwäbischen Alb oder des Fränkischen
Jura, um die Traubenhyazinthen an ihrem natürlichen Standort zu
sehen. Dann stellt sich die Begeisterung schon ein, das alte Staunen über einen unerwarteten Fund, wie in den längst vergangenen
Tagen botanischer Sammelleidenschaft. Da sind sie dann und
leuchten frisch und blau zwischen den abgestorbenen, noch vom
Schnee niedergedrückten Grashalmen hervor. Nicht so auffallend
wie ihre nahen Verwandten, die Blausterne oder *Scilla*, die gleich
ganze Orgien in Blau erzeugen. Traubenhyazinthen sind da eher
kleinlaut und stehen verlegen in Grüppchen beisammen. Wie auf
frischer (Un-)Tat ertappte »Baurabüeble« halt, wie sie im Volks-
mund der Schwäbischen Alb bis heute heißen. Das hat seinen
Grund sicher in den weißen Kronzipfeln, die die blauen Blütenglocken zieren und mit dieser Farbkombination an die Trachtenkittel
erinnern, die ehemals von den männlichen Dorfbewohnern auf der
Alb spätestens ab dem Tag ihrer Einschulung getragen wurden.

Wenn man dann – moderne Version der Linné'schen Botanisier-
trommel – die Kamera zückt und ein Makrofoto von der zierlichen
Schönheit probiert, kann man trotz schmerzender Knie tatsächlich ins Schwärmen kommen. Was sich da Knopf an Knopf an kuge-
ligen Knospen in der oberen Hälfte der Blütenähre aneinander-
reiht, entpuppt sich stängelabwärts bei Öffnung der sechs weißen
Kronzipfel als richtig bauchiger Krug. Solche Höhlungen üben eine
magische Anziehungskraft auf Bienen und besonders Hummeln
aus, die, auch wenn sie sich anstrongen müssen, den Kopf durch
die Öffnung zu zwängen, darin zu Recht ein höchst erfreuliches
Nahrungsangebot vermuten. Man muss schon mit dem Lichteinfall
spielen, um die Einzelheiten im Blüteninnern in die Kamera zu
bekommen. Sechs schwarzblaue Staubbeutel an hellen Stielen
zeigen sich dann; dazu in der Mitte ein fahler Griffel auf einem
grünlichen Fruchtknoten, der den von den Besuchern so begehr-
ten Nektar absondert. Nun meldet sich aber der Botaniker wieder
zu Wort. Eigentlich ist an diesem Bau der *Muscari*-Blüte nichts
weiter Besonderes, und die Sechs- bzw. Dreizahl ihrer Blütenele-

mente entspricht voll dem Blütendiagramm der »Einkeimblättrigen«, wie wir es schon in der Schule am Beispiel der Tulpe gelernt
haben. Folgt man allerdings der »Traube« nach oben, entdeckt
man an der Spitze Blüten, die entweder Knospen bleiben oder auch
in geöffnetem Zustand steril sind. Ihr Mangel an inneren Organen
wird durch eine Attrappenfunktion wettgemacht: Sie dient dazu,
den »Kittel« der »Baurabüeble« größer erscheinen zu lassen, als er
eigentlich ist. Ganz im Gegensatz zur Mentalität der Schwaben
geschieht das nicht in weiser, von Sparsamkeit geleiteter Voraus-
sicht auf ein noch zu erwartendes Hineinwachsen des Trägers,
sondern eindeutig in der verschwenderischen Absicht, mehr zu
scheinen, als man ist: Man will die Aufmerksamkeit der Blütenbe-
sucher schon von möglichst weit her auf sich lenken.

Sterile und fruchtbare Blüten, verkümmerte und ausgebildete
Organe – da sind wir mit einem Mal bei der Metamorphoselehre des
Herrn Geheimrats Johann Wolfgang von Goethe. Er schrieb damals
vor seinem Weimarer Gartenhaus, dass der »wahre Proteus« der
Pflanzengestalt im Blatt verborgen sei, und wenn das auch für
Spross und Wurzel übertrieben ist, so trifft es doch für die Blüten-
organe hundertprozentig zu. Alle Teile einer Blüte, die wir einst im
Biologieunterricht mühsam als Kelch, Krone, Staubfäden und
Griffel auseinanderzupften, sind nichts anderes als abgewandelte
Blätter. Dass deren Umwandlung ineinander auch tatsächlich vorkommt, hat Goethe durch eine ganze Sammlung von Übergangsfor-
men und Missbildungen aus seinem Garten belegt. Warum es allerdings überhaupt solche Metamorphosen gibt und sie noch dazu so
leicht möglich sind, wissen wir erst durch die Molekulargenetik der
letzten zwei oder drei Jahrzehnte. Lediglich drei Steuerungsgene
sind es, die das bewirken. Sie beeinflussen durch die Zonen ihrer
Aktivität im Vegetationskegel, d.h. der Wachstumsregion eines
pflanzlichen Sprosses, das Schicksal der dort entstehenden Blattanlagen. Eines dieser drei Gene, nennen wir es der Einfachheit
halber C, wirkt an der Spitze des Vegetationskegels, ein zweites, A,
an seiner Basis. Durch gegenseitige Hemmung grenzen A und C die
Territorien ihrer Wirksamkeit gegeneinander ab. In diesem Grenz-
bereich kann nun ein drittes Gen, B, aktiviert werden und seine
Wirksamkeit mit derjenigen von A bzw. C überlagern. Damit ist das

Schicksal der einzelnen Blütenkreise festgelegt. An der Basis der Bildungszone wirkt nur A und lässt grüne Blätter, den Kelch, entstehen. Weiter nach oben wirkt A zusammen mit B und macht aus den Blattanlagen farbige Kronblätter. Wird noch weiter oben die Wirkung von A durch C ersetzt, führt die Überlagerung mit B zu Staubblättern. Und wirkt schließlich an der Spitze nur noch C allein, entstehen Fruchtblätter.

EIN BLICK IN EINE MAGNOLIEN-BLÜTE OFFENBART ETWAS VON DER BLATT-UMWANDLUNG ENTLANG DER BLÜTENACHSE: DIE STAUBBLÄTTER SEHEN WIE KLEINE EINGEROLLTE BLÜTENBLÄTTER AUS, IN DEREN SCHUTZ DER POLLEN HERANREIFEN KANN. DIE AUSGEZOGENEN SPITZEN DER DARÜBERSTEHENDEN FRUCHTBLÄTTER HABEN NARBENFUNKTION: IHRE KLEBRIGEN RÄNDER HALTEN DEN BLÜTENSTAUB FEST. KLEINE KÄFER, DENEN DER BLÜTENSTAUB ZUR NAHRUNG DIENT, BESORGEN UNGEWOLLT DIE BESTÄUBUNG. (GK)

Durch den Ausfall eines oder zweier dieser Steuerungsgene sind nun alle möglichen Fälle von Rück- bzw. Umbildungen im Blütenbereich denkbar und an bestimmten Modellorganismen der Molekulargenetiker, der Ackerschmalwand *Arabidopsis* und dem Löwenmäulchen *Antirrhinum*, auch experimentell erzeugt worden. Auch für unsere Traubenhyazinthe ist es leicht, das scheinbar so raffinierte Täuschungsmanöver zustande zu bringen: Sie lockt die Insekten mittels Attrappenwirkung auf mechanistisch nachvollziehbare Weise.

Nun sind für die Entwicklung einer Blüte natürlich mehr als nur drei Gene zuständig. Von all dem, was denn die »Blattanlagen« hervorbringt und in sinnvoller Ordnung wachsen lässt, war ja gar nicht die Rede, sondern nur von der Beeinflussung dieses Wachstums in die eine oder andere festgelegte Richtung. Im Ganzen sind für die Entstehung einer Blütenpflanze größenordnungsmäßig sicherlich nicht weniger Gene notwendig als für, sagen wir, eine Maus. Das Genom-Projekt hat uns gelehrt, dass erstaunlicherweise selbst für den menschlichen Organismus 20.000 bis 30.000 Gene ausreichen. So gesehen, können unsere drei »Metamorphose-Gene« als Beispiel dafür stehen, auf welche Weise organische Umformungsprozesse gesteuert werden und der Einsatz von blind wirkenden Faktoren zu gezielten Effekten führen kann. Das hinter der Formenvielfalt des Lebendigen aufzudecken, hat sich die Evolutionstheorie seit Darwin zur Aufgabe gemacht. Es soll uns aber nicht darum gehen, diese Aufgabe bis in alle molekularbiologischen Details für die Traubenhyazinthe durchzuführen. Wir würden dabei sehr schnell an die Grenzen des tatsächlich Gewussten wie des verstandesmäßig Überblickbaren gelangen! Was wir zeigen wollen, ist lediglich, wie sich die stammesgeschichtliche Entwicklung, die zu einem solchen kleinen Blütenwunder wie unserer Traubenhyazinthe führt, konsequent und anhand allgemeiner Prinzipien rekonstruieren lässt, ohne dass darum diese Geschichte und ihr Ergebnis etwas von ihrem Wunderbaren verlieren müssen. Man braucht nicht naiver Kreationist zu sein, um die Wunder der Schöpfung bestaunen zu können. Es bedarf auch nicht der logischen Spitzfindigkeit der Intelligent-Design-Anhänger, die mit ihrem – immer möglichen – Rekurs auf die Lückenhaftigkeit evolutionärer Erklärungen Gott als planende Vernunft hinter allem retten möchten. Es genügt, sich der evolutionären Nacherzählung der Geschichte der Traubenhyazinthe zu überlassen, um in andächtiges Staunen zu kommen über die Menge an Erfindungsgeist, der in dieser Geschichte am Werk ist.

Das Wort »andächtig« ist hierbei bewusst gewählt. Es ist kein Geheimnis, dass wir Verfasser dieses Buches als gläubige Christen schreiben. Dennoch, oder vielleicht besser: gerade deshalb halten wir es für angemessener, vor der Menge an Kreativität in die Knie zu gehen, die dieser evolutionäre Prozess in jedem seiner Produkte offenbart, als vorschnell vor einem »Erfinder«, der das alles in womöglich nur katechetischer Absicht hergestellt hat. Wenn beim Lesen der Eindruck entsteht, dass die Anerkennung der Evolution eine bessere Grundlage für den Glauben an einen Schöpfergott darstellt als ihre Ablehnung (wobei selbstverständlich die Richtigkeit einer naturwissenschaftlichen Theorie nicht von ihrer theologischen Brauchbarkeit abhängt), dann ist das Blühen der Traubenhyazinthe – Angelus Silesius möge die kühne Anleihe verzeihen – doch nicht »ohn' Warum«.

DIE ENTWICKLUNG ZU EINEM KLEINEN **BLÜTEN-WUNDER** WIE DER TRAUBENHYAZINTHE LÄSST **WISSENSCHAFTLICH** REKONSTRUIEREN, OHNE DASS DIESE GESCHICHTE ETWAS VON IHREM **WUNDER-BAREN** VERLIERT.

DIE GEHEIME HOCHZEIT DER PFLANZEN

Warum gibt es Blüten? Die Frage scheint banal. Jedermann weiß, dass Blüten im Dienst der Fortpflanzung stehen. Die Blüte reift zur Frucht, im Innern der Frucht sitzen die Samen, aus den Samen werden wieder neue Pflanzen – und so weiter von einer Generation zur andern. Nicht ganz so selbstverständlich ist, dass es sich bei diesem Fortpflanzungsvorgang um echte Sexualität handelt, der genauso auf der Verschmelzung von weiblicher Ei- und männlicher Samenzelle beruht wie im Tierreich. Zwar war es schon von alters her üblich, in der Bestäubung, die der Fruchtbildung in der Regel vorausgeht, eine Analogie zum Geschlechtsakt zu sehen, aber das war lange Zeit nicht mehr als eine Allegorie oder Metapher.

So hat der große Carl von Linné bereits als 23-jähriger Student die Grundlagen zu seinem späteren Botanischen System in einer Schrift dargestellt, die er programmatisch als »Einführung in die Hochzeit der Pflanzen« (*Praeludia sponsaliorum plantarum*) betitelte. Darin werden die auffälligen Teile der Blüte, Kelch und Krone, als bloßes »Brautlager« aufgefasst, wogegen Staubblätter und Fruchtknoten die eigentlichen Wohnsitze der Geschlechter darstellen. Die dafür verwendeten Fachtermini »Frauenhaus« (*Gynoeceum*) und »Männerhaus« (*Androeceum*) sind heute noch in Gebrauch. Von diesem Ausgangspunkt konnte Linné die Pflanzen-hochzeit dann einteilen je nachdem, ob sie öffentlich geschieht (bei den Blütenpflanzen) oder im Geheimen (bei den *Kryptogamen*, d.h. bei all denjenigen Pflanzen, bei denen er keine Blüten fest-stellen konnte). Die Pflanzen mit öffentlicher Hochzeit wurden weiter danach unterschieden, ob Mann und Frau ein gemeinsames Schlafgemach haben oder sich getrennter Schlafzimmer »er-freuen« (ob Linné wohl unglücklich verheiratet war?) – das sind, natürlich, unsere zwei- bzw. eingeschlechtlichen Blüten. Bei ersteren kommt es weiter darauf an, ob die Männer untereinander alle Brüder sind oder nicht, will heißen, ob die Staubblätter miteinander verwachsen oder frei sind, in wie vielen Kreisen sie stehen, ob es zwischen ihnen Unterordnung oder Gleichheit gibt usw. Fachleute können eine Menge Unterscheidungskriterien finden, die noch in heutigen Büchern zur Pflanzenbestimmung

EINE STORCHSCHNABELBLÜTE (*GERANIUM MACRORRHIZUM*) ALS BEISPIEL FÜR DEN »ÜBLICHEN« BLÜTENAUFBAU: DIE BLÜTENORGANE SIND NICHT MEHR WIE BEI DER MAGNOLIE SPIRALIG, SONDERN IN KREISEN ANGEORDNET. DIE AUS DER KRONRÖHRE HERAUSWACHSENDEN »STAUBFÄDEN« MIT DEM »GRIFFEL« SIND SO VERÄNDERT, DASS IHRE BLATT-HERKUNFT NUR NOCH IM VERGLEICH ERSCHLOSSEN WERDEN KANN. IM HINTERGRUND DIE ALS KNOSPENSCHUTZ DIENENDEN KELCHBLÄTTER. (CK)

eine Rolle spielen. Dies zeigt, wie erfolgreich Linné bei der Auswahl seiner systematischen Merkmale war.

Ob er sich dabei aber wirklich an der Bedeutung von Staub- und Fruchtblättern für die Fortpflanzung orientierte? Wahrscheinlich war es einfach ein glücklicher Griff oder der sichere, aber nicht weiter reflektierte Instinkt des durch lange Beobachtung geschulten Pflanzenkenners, gerade solche Unterscheidungsmerkmale zu wählen, die zugleich beliebig und konservativ sind, weil sie unter keinem Anpassungsdruck stehen. Es ist eine Notwendigkeit, dass eine Pflanze Fortpflanzungsorgane hat. Wie diese aber in der Blüte angeordnet sind, ob in Dreier- oder Fünferkreisen, ob verwachsen oder nicht, ist gegenüber der Fortpflanzungsfunktion sekundär. Das eine ist so gut wie das andere, und darum bleiben Unterschiede hier dauerhafter erhalten als dort, wo die Selektion eine bestimmte Verbesserungsrichtung prämiert. Um ein modernes

Beispiel zu gebrauchen: Die Symbole der Automarken sind beliebig und fahrtechnisch irrelevant, weshalb sie durch die Jahrzehnte gleich bleiben. Dagegen gleichen sich die äußeren Formen der Limousinen durch das Styling im Windkanal immer mehr aneinander an, sodass man die Zugehörigkeit schließlich nur noch am Firmensymbol, aber kaum noch am Bau der Karosserie feststellen kann. Entsprechend repräsentiert auch die traditionelle Anordnung von Staub- und Fruchtblättern in der Blüte die Verwandtschaftszugehörigkeit weit mehr als etwa die Ausbildung der Laubblätter, die viel stärker von der Anpassung an allgemeine Standortbedingungen, wie Licht und Schatten, Trockenheit, Wind und Kälte usw., bestimmt ist.

Ist also die »Pflanzenhochzeit« Linnés ein zwar glückliches, aber eigentlich bloß von der Rokoko-Lyrik bestimmtes Bild, oder ist sie auch Niederschlag eines damals bereits vorhandenen Wissens über die Sexualität der Pflanzen? Unmöglich wäre das nicht, denn immerhin hat sich der Tübinger Mediziner und Botaniker Rudolf Jakob Camerarius schon Ende des 17. Jahrhunderts eingehend Gedanken über die Fortpflanzung im Pflanzenreich gemacht und diese mit den Verhältnissen bei den Tieren verglichen. So wunderte er sich z.b. darüber, dass ein weiblicher Maulbeerbaum Früchte trug, obwohl kein männlicher Baum in der Nähe war, stellte aber zugleich fest, dass diese Früchte keine Samen enthielten und so unbefruchteten »Windeiern« des Huhns glichen. Seine Beobachtungen und Bestäubungsversuche führten ihn schließlich dazu, in den für die Samenbildung so wichtigen Staubbeuteln die »männlichen Geschlechtsteile« zu sehen, worauf dann folgerichtig der »Behälter der Samen mit seiner Narbe oder seinem Griffel«, also der Fruchtknoten oder Stempel, zum weiblichen Geschlechtsorgan avancierte. Von ähnlichen Betrachtungen finden wir bei Linné indessen nicht die Spur. Auch in der Folgezeit blieben die Einsichten Camerarius' – von Ausnahmen abgesehen – ziemlich wirkungslos, sodass noch zu Beginn des 19. Jahrhunderts die Mehrzahl der Botaniker an der Sexualität der Pflanzen zweifelte. Das lag gewiss auch daran, dass Camerarius mit seiner Gleichsetzung von bestimmten Blütenteilen mit den männlichen und weiblichen Sexualorganen auf halbem Weg stehen geblieben war.

Er postulierte zwar einen Zeugungsvorgang, konnte aber noch keine direkten Beobachtungsdaten für dessen Ablauf vorbringen.

So war man noch um 1800 der Meinung, die Befruchtung bestünde in einer Vermischung eines aus den Pollenkörnern austretenden Saftes mit dem Schleim der Narbe. Es bedurfte besserer Mikroskope, wie sie etwa der italienische Mathematiker und Astronom Giovanni Amici (1786–1863) zu konstruieren wusste, bis man dem Geheimnis der pflanzlichen Sexualität auf die Spur kam. Amici gelang der bahnbrechende Nachweis, dass der »Saft« des Pollenkorns in Wirklichkeit ein Schlauch ist, der aus dem Pollenkorn auskeimt und die Narbe bis zu den Samenanlagen des Fruchtknotens, damals noch »kleine Eier« (Ovula) oder »Keimbläschen« genannt, durchdringt. Nun war es die Spitze dieses Pollenschlauchs, die mit dem pflanzlichen Keim identifiziert wurde, wie der in Jena lehrende Botaniker Matthias Schleiden meinte. Andere blieben der Pollensaft-Theorie treu und sahen den Befruchtungsvorgang im Übertritt von Flüssigkeit aus der Pollenschlauchspitze in das Keimbläschen. Erst durch ausgefeilte mikroskopische Färbetechniken gelang es Eduard Strasburger im Jahr 1884, den eigentlichen Einfluss des Pollenschlauchs aufzuklären. Er konnte im Innern des Pollenschlauchs zwei Zellkerne nachweisen, von denen einer mit dem Eikern eines Keimbläschens verschmilzt. Damit war endlich gezeigt, dass der Befruchtungsvorgang, den Oskar Hertwig schon 1875 beim Seeigel als Verschmelzung der Zellkerne von Spermium und Ei beschrieben hatte, in gleicher Weise auch bei den Pflanzen stattfindet.

Es sollte aber noch eine Reihe von Jahren dauern, bis das Schicksal des zweiten »generativen Kerns« aus dem Pollenschlauch geklärt werden konnte. Er geht keineswegs zugrunde, wie man zunächst annahm, sondern vollzieht zusammen mit zwei weiteren Kernen des Keimbläschens eine zusätzliche Befruchtung. Daraus geht allerdings kein Embryo, sondern das Nährgewebe des Samens hervor. Bei den Samenpflanzen ist also nicht nur die Bildung eines neuen Keims, des Embryos, Ergebnis eines Geschlechtsakts, sondern auch die Bildung des Nährstoffvorrats für die Erstversorgung dieses Embryos. Diese Besonderheit hat der russische Botaniker S. G. Navašin im Jahr 1898 entdeckt.

NAHAUFNAHMEN BRINGEN ES AN DEN TAG: DIE BESTÄUBUNGSREIF GE-
SPREIZTEN NARBENSPITZEN EINER STORCHSCHNABEL-BLÜTE SAMT POLLEN-
KÖRNERN, DIE AUS DEN GEPLATZTEN STAUBBEUTELN AUSTRETEN.
(WWW.UPI-INSTITUT.DE/BOTANIK/EXKURSIONEN.HTM)

Es ist eine stattliche Liste namhafter Botaniker, welche die Irrun-
gen und Wirrungen bei der Aufdeckung der pflanzlichen Sexualität bekundet – Linnés Brautlager-Allegorie war dazu tatsächlich
nichts weiter als ein Präludium. Das ist aber weiter nicht verwun-
derlich. Einer jahrhundertelang von aristotelischem Denken
geprägten Gelehrtenwelt musste es schwerfallen, eine typisch
animalische, d.h. an sinnliches Empfinden gekoppelte Eigenschaft
wie die Sexualität, auf das vegetative Leben der Pflanzen zu
übertragen. Statt darüber den Kopf zu schütteln, sollte man sich
bewusst machen, dass auch unsere landläufige Vorstellung vom
fleißig bei der Befruchtung behilflichen Bienchen noch nicht die
eigentliche Wahrheit ist. Trotz (oder gerade wegen) des Pollenschlauchs sind die Körner des Blütenstaubs nämlich noch keine
männlichen Geschlechtszellen. Was in der Verborgenheit der
Staub- und Fruchtblätter einer Blüte abläuft, ist nicht nur Sex, sondern zusätzlich ein Generationswechsel. Eine solche Behauptung
mag zunächst kurios klingen. Unter Generation versteht man

gewöhnlich die Lebensspanne eines Organismus zwischen seiner Zeugung und der Erzeugung seiner Nachkommen. Bei unserer Traubenhyazinthe wäre das die Periode von der Befruchtung einer Samenanlage mit daran anschließender Samenreife, Winterruhe des Samens im Erdboden, Keimung im Frühjahr, Wachstum, Blütenbildung und neuerlichem Bestäubungs- und Befruchtungsvorgang in der Blüte im Jahr darauf (wenn das Pflänzchen nicht wegen widriger Umstände erst im zweiten Jahr zur Blüte kommt und den Winter davor als Zwiebel verschläft). Kurz gesagt, handelt es sich also um den Zeitraum von einer Samenbildung bis zur daraus hervorgehenden nächsten. Wo aber ist hier ein Wechsel?

Eine Generation von Traubenhyazinthen bringt aus ihren Samen die nächste hervor, die stets genauso aussieht wie ihre Eltern, und so dahin von einem Jahr zum andern. Eine Abfolge von Generationen gewiss, aber kein Wechsel, denn eine Generation schaut aus wie die andere.

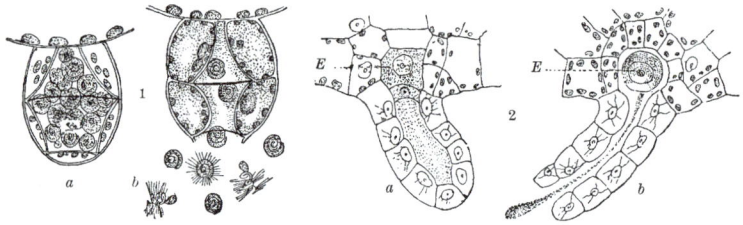

Abb. 338. 1 Männliche und 2 weibliche Organe; a geschlossen und b geöffnet. E Eizelle. Etwa 300-mal vergrößert

DIE GESCHLECHTSORGANE EINES FARN-VORKEIMS IN PRÄZISER ZEICHNERISCHER REKONSTRUKTION. (OTTO SCHMEIL, LEHRBUCH DER BOTANIK BD. 1, 50. AUFLAGE, QUELLE & MEYER: HEIDELBERG 1940)

Um das mit dem Generationswechsel zu verstehen, müssen wir unseren alten »Schmeil, Lehrbuch der Botanik« aus der Schulzeit hervorkramen und unter »Wurmfarn« die wunderschön gezeichneten Abbildungen studieren. Oder, noch besser, falls wir Fähigkeiten als Hobby-Gärtner oder -Gärtnerin haben und vielleicht sogar ein kleines Glashaus besitzen: in ein Kaufhaus oder den Blumengroßmarkt gehen und ein Tütchen mit – ja was denn? – Farn-Sporen besorgen. Farne werden nämlich nicht aus Samen gezogen wie Kapuzinerkresse oder Radieschen, sondern eben aus Sporen – einem feinen, braunen Pulver, nicht unähnlich dem Blütenstaub unserer Samenpflanzen. Und um es gleich zu sagen: Diese Ähnlichkeit ist nicht zufällig. Sie sind ebenfalls Sporen, die »Pollenkörner« in den Staubbeuteln unserer Blütenpflanzen. Genau wie die Pollenkörner sind auch die Sporen der Farne kleine, von einer robusten Hülle umgebene Fortpflanzungszellen, die sich mit jedem Windhauch in alle Himmelsrichtungen verbreiten lassen. Fallen sie auf feuchten Grund, dann keimen sie, und eben das wollen wir im Gewächshaus auf feuchtem Torf beobachten. Schauen wir nicht häufig genug nach, ist nichts sonderlich Aufregendes zu bemerken. Irgendwann keimt aus der algig und dunkelgrün gewordenen Torfoberfläche ein kleines Farnpflänzchen und wächst rasch zu den typischen Wedeln aus. Kontrollieren wir aber häufig und benutzen wir für unsere Beobachtungen gar noch eine gute Lupe, so können wir sehen, dass es gar keine Algen sind, womit die Torfoberfläche überzogen ist, sondern dass die Farnsporen selbst zu kleinen grünen Schläuchen ausgewachsen sind. (Die Erinnerung an den Pollenschlauch ist durchaus beabsichtigt und erwünscht!) Diese Keimschläuche verbreitern sich schnell zu dünnen, flächigen Gebilden, die ein wenig wie ein Lebermoos aussehen. Man könnte sie durchaus für den Keim einer Farnpflanze halten, wäre da nicht – aber Halt, dazu müssen wir das Mikroskop zu Hilfe nehmen. Befreit man die Würzelchen eines solchen Gebildes vom anhaftenden Torf und legt das Ganze mit der Unterseite nach oben auf einen Objektträger in einen Tropfen Wasser, so bleibt unser Blick durchs Mikroskop alsbald an zerstreut auftretenden kreisförmigen Gebilden hängen. Sie weisen zum Teil eine sternförmige Innenstruktur auf und heben sich im durchscheinenden Licht der Mikroskop-Beleuchtung gut von den umgebenden Gewebszellen ab.

Um herauszubekommen, was es mit diesen Gebilden auf sich hat, bedarf es eines gewissen präparativen Geschicks. Am einfachsten ist es noch, dieses grüne, höchstens ein Viertel Quadratzentimeter große Häutchen wie ein Blatt Schreibpapier zu falten (leichter gesagt als getan) und entlang des Falzes nach seitlich davon abstehenden Auswüchsen zu fahnden. Mit etwas Glück und das richtige Alter unserer »Keimlinge« vorausgesetzt, finden wir spätestens auf dem zwanzigsten oder dreißigsten Präparat da und dort kleine, aus dem Falz hervorstehende Hälse oder Röhren, deren Wände nur eine Zellschicht stark sind. Das ist die Seitenansicht der einen Sorte von »kreisförmigen Gebilden«, wahrscheinlich derjenigen, die in der Aufsicht einen »Stern« im Innern aufwiesen, der nichts anderes ist als der innere Rand der aus linsenförmigen Zellen zusammengesetzten Röhre. Die andere Sorte stellt sich in der Seitenansicht als bauchiger Becher dar, der gefüllt ist mit nur undeutlich wahrnehmbaren, eigenartig eingerollten zellulären Gebilden.

Für weitere Details und zur Identifizierung des Gesehenen müssen wir aber nun doch die Abbildungen aus dem »Schmeil« zu Hilfe nehmen und stellen fest, dass es sich bei diesen Gebilden um die männlichen und weiblichen Geschlechtsorgane handelt. Der Inhalt der »Becher« besteht aus männlichen Geschlechtszellen, die sich nach Öffnung des Becherdeckels »entspiralisieren« und mit zahlreichen Geißeln im Wasser schwimmen können. Die röhren- oder halsförmigen Gebilde setzen sich mit einer Verbreiterung nach innen in das grüne Häutchen fort und umgeben dort eine Eizelle. Die konnten wir aber im Mikroskop wegen der Überstrahlung durch die reichlich mit Blattgrün gefüllten Zellen des umgebenden Gewebes nicht sehen. Genauso wenig hätten wir Erfolg bzw. genügend Geduld, die Befruchtung unter dem Mikroskop zu beobachten. Die männlichen Geschlechtszellen werden von den weiblichen Geschlechtsorganen chemisch angelockt und gelangen bei Anwesenheit von Wasser aktiv schwimmend durch die geöffneten Flaschenhälse bis zu den Eizellen, wo die Kerne der beiden Geschlechtspartner miteinander verschmelzen und die Entwicklung einer neuen Farnpflanze einleiten. Es muss uns nicht weiter betrüben, dass dieser Sexualakt unter dem Mikroskop kaum zu beobachten ist – zu zahlreich sind die Schwierigkeiten, die dem im Wege stehen: Der Deckglasdruck beeinträchtigt die freie Ausbreitung der männlichen Geschlechtszellen, die lange Beobachtung im Leitungswasser hat den sexuellen Lockstoff längst weggeschwemmt; es sind gerade nicht die richtigen Reifestadien vorhanden usw. Wenn man all diese Widrigkeiten in Rechnung stellt, bekommt man unwillkürlich Hochachtung vor der Leistung eines Wilhelm Hofmeister, der um 1850 diese Vorgänge aufzuklären verstand.

ZWEI LEBENSPHASEN Für einen Biologen ist die direkte Beobachtung eines Befruchtungsvorgangs, selbst wenn er tausendmal bekannt ist, immer eine spannende Angelegenheit. Für unseren Zusammenhang ist aber die damit verbundene theoretische Erkenntnis noch wichtiger. Unter Generation, so haben wir festgestellt, verstehen wir die Lebensphase eines Individuums von seiner Entstehung bis zur Fortpflanzung. Nun stehen wir vor der Tatsache, dass das, was wir als Farnpflanze bezeichnen, zwei verschiedene Lebensphasen umfasst. Die eine Phase beginnt mit der Sporenkeimung und endet mit der geschlechtlichen Fortpflanzung durch Befruchtung einer Eizelle; die andere Phase beginnt mit diesem Zeugungsakt und endet mit der ungeschlechtlichen Fortpflanzung durch Sporenbildung. Wenngleich die erste Phase für sich genommen unscheinbar ist, kontinuierlich in die zweite übergeht und so äußerlich nur wie ein Keimstadium der Farnpflanze erscheinen mag, ist sie doch durch die Erzeugung von Geschlechtszellen zur Fortpflanzung als eigene Generation ausgewiesen. Sie stellt die geschlechtlich sich vermehrende oder, einfacher, Geschlechts-Generation im Lebenszyklus der Farnpflanze dar, während diese selbst, oder besser das, was an grünen Wedeln aus der Geschlechtsgeneration hervorgeht, die ungeschlechtliche Generation ausmacht. Sie beginnt ebenfalls keimartig, d.h. ihre ersten Blättchen haben noch nicht die typische Farngestalt, sondern sind noch unscheinbar und wenig gegliedert – so wie wir das von den Keimblättern bei einer Samenpflanze gewohnt sind. Und diese Keimblätter sprießen auch ganz so aus der Geschlechtsgeneration hervor wie der Weizenkeimling aus seinem Korn, sodass man meinen könnte, das Ganze sei eben ein einziger Farnkeimling. Man nennt darum die Geschlechtsgeneration auch Vorkeim, eine Bezeichnung, die vermutlich schon vor der Einsicht in die Eigenheiten des Generationswechsels in Gebrauch war. Aber das »Vor-« weist zugleich auch auf den Unterschied zum eigentlichen Farnkeim hin. Der Vorkeim keimt aus einer Spore, also einer ungeschlechtlichen Fortpflanzungszelle, und zielt auf geschlechtliche Fortpflanzung ab. Der Farnkeim entsteht durch Zeugung, also aus der Vereinigung von geschlechtlichen Fortpflanzungszellen, und zielt auf ein Reifestadium mit ungeschlechtlicher Fortpflanzung ab. Der Vorkeim ist die Geschlechtsgeneration; der

Farnkeim ist nur ein Übergangsstadium der ungeschlechtlichen. Der Vorkeim geht nach der geschlechtlichen Fortpflanzung zugrunde; die aus dem Farnkeim erwachsende ungeschlechtliche Generation kann die Erzeugung vieler Geschlechtsgenerationen überdauern. Für das Vorliegen eines Generationswechsels ist es also nicht notwendig, dass die eine Generation stets in der anderen aufgeht, sondern nur, dass eine die andere ablöst, wie das bei unserem Farnbeispiel ja tatsächlich der Fall ist: Die ungeschlechtliche Generation geht nur aus der Geschlechtsgeneration hervor und diese nur aus der ungeschlechtlichen.

Dieses Schema des, wie man sagt, »obligaten« Generationswechsels, das wir beim Farn kennengelernt haben, gilt es nun auf die Verhältnisse der Blütenpflanzen zu übertragen. Wir haben schon angedeutet, dass der Pollenschlauch dem Vorkeim der Farne entspricht und damit die Geschlechtsgeneration darstellt. Diese Vergleichbarkeit ist ziemlich leicht nachzuvollziehen. Der Pollenschlauch ist zwar gegenüber dem Vorkeim viel weniger entwickelt oder, besser gesagt, stärker rückgebildet. Er besitzt keine Geschlechtsorgane, enthält kein Blattgrün, weist keine sichtbare Gliederung in voneinander abgetrennte Zellen auf und muss vom Griffelgewebe, in das er einwächst, ernährt werden. Er stellt so gewissermaßen ein verlängertes Anfangsstadium der Sporenkeimung beim Farn dar: ein ungegliederter Zellschlauch, der aber, statt sich wie dort strukturell in einen Vorkeim zu differenzieren, einfach weiter in die Länge wächst und wie ein Parasit ins Innere des Fruchtknotens vordringt. Gesteuert wird dieser Wachstumsprozess durch den an der Schlauchspitze befindlichen Zellkern, den vegetativen Kern. Diese Bezeichnung erinnert uns, dass das Pollenkorn noch einen zweiten Zellkern enthält, den sogenannten generativen Kern. Der beginnt erst später in den Pollenschlauch einzuwandern, wo er sich dann auch noch teilt. Diese drei Kerne, ein vegetativer und zwei generative, sind alles, was von der Organisation des Farn-Vorkeims übrig geblieben ist. Wenn man genau hinschaut, kann man im Pollenkorn erkennen, dass dort die zwei Zellkerne tatsächlich noch durch eine Zellwand voneinander getrennt sind. Es ist die maximale Vereinfachung, was sich das Pollenkorn da an Bildung einer Geschlechtsgeneration geleistet hat: eine einzige Zelle für den Vorkeim und eine zweite als »Geschlechtsorgan«. Die Erzeugung von Geschlechtszellen darin wird nur noch durch eine einzige Kernteilung angedeutet: die des generativen Kerns im Pollenschlauch, d.h. zu einem Zeitpunkt, wo von sichtbaren Zellgrenzen schon nichts mehr vorhanden ist. Auch der vegetative Kern löst sich schließlich, wenn der wachsende Pollenschlauch sein Ziel erreicht hat, noch auf und gibt den Weg frei, dass die generativen Kerne zur Befruchtung in das »Keimbläschen« eindringen können.

WO SITZT DAS WEIBLICHE GESCHLECHT? Bei aller noch so scharfsinnig vorangetriebenen Gleichsetzung von Strukturen des Pollenschlauchs bei den Blütenpflanzen mit solchen des Farn-Vorkeims: Es ist klar, dass der Pollenschlauch ein eingeschlechtlicher Vorkeim ist, der ausschließlich männliche Fortpflanzungszellen erzeugt. Es muss also in diesem Fall noch einen zweiten, weiblichen Typ von Vorkeim geben, damit geschlechtliche Fortpflanzung stattfinden kann. Wo sitzt dieses weibliche Geschlecht? Die Eizelle befindet sich im »Keimbläschen« der Samenanlage, das wissen wir bereits. Ist hier aber auch ein weiblicher Vorkeim? Und gibt es dazugehörige, den weiblichen Vorkeim produzierende Sporen? Es ist zu vermuten, dass sich in der Samenanlage Strukturen finden lassen, die eine entsprechende Gleichsetzung rechtfertigen. Der erste Kandidat hierfür ist natürlich das Keimbläschen selbst. Was uns erlaubt, hierbei von Vorkeim oder gar von Sporenkeimung zu sprechen, ist indessen nicht so leicht einzusehen wie beim Vergleich von Farnspore und Pollenkorn. Es ist zunächst viel näherliegend, die Anatomie der Samenanlage mit Bezeichnungen aus der tierischen Keimesentwicklung zu belegen, wie das Strasburger im Zuge der Aufklärung der pflanzlichen Sexualität unternommen hat. Dadurch ist das Keimbläschen zu dem bis heute gültigen Namen »Embryosack« gekommen. Die Frage lautet also, was uns berechtigt, diesen Embryosack mit einem Vorkeim gleichzusetzen und die Fortpflanzung auch auf weiblicher Seite als Generationswechsel zu charakterisieren. Dieser Frage wollen wir uns im nächsten Kapitel zuwenden. Zuvor aber müssen wir uns noch mit dem markanten Größenunterschied beschäftigen, der die beiden Generationen dieses Generationswechsels auszeichnet und dazu führt, dass gewöhnlich nur die eine von beiden, die ungeschlechtliche Generation, als die »eigentliche« Pflanze angesprochen wird. Wenn wir Vorkeim und Sporenpflanze beim Farn im Wuchs vergleichen, kann man sich fragen, warum eigentlich die Sporenpflanze die geförderte Generation ist und der Vorkeim die zurückgebliebene. Natürlich gibt es dafür ökologische Gründe. Die Geschlechtsgeneration tut gut daran, klein und am Boden zu bleiben, um leicht an das für den Befruchtungsvorgang unentbehrliche Wasser zu kommen. Für die ungeschlechtliche Generation ist es dagegen von Vorteil, sich weit im Luftraum auszubreiten, um ihre Sporen in einem möglichst großen Umkreis zu verstreuen. Aber das ist nur die eine Seite der Medaille, die der »ultimaten« Ursachen, wie man in der Evolutionsbiologie gerne sagt. Ultimate Ursachen, das sind die Reproduktionsvorteile, die eine bestimmte evolutive Strategie bringt: Der genannte Größenunterschied ist für die Reproduktion eines Farns von Vorteil. Aber es gibt auch »proximate«, unmittelbare Ursachen. Und die haben mit dem zu tun, was bei der Befruchtung geschieht. Befruchtung ist bekanntlich die Verschmelzung von zwei Fortpflanzungszellen, einer mütterlichen und einer väterlichen. Der so gezeugte Nachkomme hat damit ein doppeltes Erbgut – jenes der Mutter plus jenes des Vaters. Diese Erbgutverdoppelung wird an jede Zelle des aus der befruchteten Eizelle aufgebauten Körpers weitergegeben – also auch an die schließlich gebildeten ungeschlechtlichen Fortpflanzungszellen, die Sporen. Würde hier kein Einhalt geboten, dann hätte auch die folgende geschlechtliche Generation einen solchen doppelten Chromosomensatz und die von ihr gezeugte ungeschlechtliche einen vierfachen. Schnell wären durch diesen mit jeder Generation erfolgenden Verdoppelungsprozess die Zellen so mit Chromosomen vollgestopft, dass kein Ablesen der in ihnen enthaltenen genetischen Information mehr möglich wäre. Man könnte das mit einem Bücherregal vergleichen, in das so lange Bücher hineingezwängt werden, bis man keines mehr unbeschädigt herausholen kann. Die angesammelte Information ist dann nutzlos, weil nicht mehr abgreifbar. Um das zu vermeiden, wird das mit der Zeugung verdoppelte Erbgut rechtzeitig auf den Ausgangswert reduziert, und das geschieht normalerweise bei der Reifung der Sporenzellen. Infolge dieser Reduktionsteilung bleiben die Zellen der Geschlechtsgeneration stets bei ihrem einfachen Chromosomensatz, und nur die Sporenpflanze hat einen, aber auch immer gleich großen, doppelten.

MAN KANN GETROST AN DER VERÄNDERUNG EINES GENS SPIELEN, WENN EIN ZWEITES EXEMPLAR IN RESERVE IST.

Ein doppelter Chromosomensatz bedeutet, von jedem Gen zwei Ausführungen zu besitzen. Warum das? Hat es einen Nutzen, von einem Buch zwei Exemplare zu besitzen statt nur eines? Nun, angenommen, in einem Exemplar geht eine Seite verloren oder ist unleserlich geworden, dann schon. Das ist aber, zugegeben, eine weit hergeholte Erklärung. (Früher, als es noch öffentliche Fernsprechzellen mit meist beschädigten Telefonbüchern gab, hätte das besser eingeleuchtet.) Aber vielleicht so: Wenn man, wie ich gerade, einen Text am Computer korrigiert, empfiehlt es sich, das an einer Kopie des Ursprungstextes, an einem zweiten Exemplar, zu machen – und sei es nur um festzustellen, dass die ursprüngliche Fassung doch besser war als die neue. So ähnlich könnte auch die Evolution funktionieren. Man kann getrost an der Veränderung eines Gens spielen, wenn ein zweites Exemplar in Reserve ist, und abwarten, bis die neue Variation einen Nutzen zeigt. Damit haben Pflanzen mit einem doppelten Chromosomensatz einen entscheidenden Evolutionsvorteil. Sie können sich viel rascher und radikaler abwandeln als solche mit nur einfachem Erbgut. Dass das nicht nur eine theoretische Spekulation ist, kann das Beispiel der Moose zeigen. Hier ist es nämlich die Geschlechtsgeneration, welche die »eigentliche Pflanze«, das Moospolster, darstellt. Die ungeschlechtliche Generation ist z.B. nur der unbeblätterte, braune, in eine salzbüchsenartige Kapsel endende Sporenständer, der den grünen Moospflänzchen aufsitzt. Er ist gegenüber den Wedeln der Farne ohne Zweifel deutlich reduziert. Aber auch aus den grünen Pflänzchen des Moosrasens ist nicht gerade viel geworden. Gewiss sind sie weit vielfältiger als das hier vor Augen gestellte Beispiel des Laubmooses *Polytrichum*, aber in ihrer ganzen Gestaltenfülle bleiben sie doch im Zentimeterbereich und halten keinen Vergleich aus mit der beherrschenden Rolle der Farn- und Samenpflanzen. Das lässt sich gut damit erklären, dass die Moose für ihre vegetative Ausgestaltung auf die Geschlechtsgeneration gesetzt haben und mit deren einfachem Chromosomensatz evolutiv unvermeidlich ins Hintertreffen geraten sind.

MOOSPFLÄNZCHEN MIT SPORENKAPSELN: DER SCHEIN TRÜGT: AUCH WENN DIE GRÜNEN MOOSPFLÄNZCHEN DER GATTUNG *POLYTRICHUM* SPOREN-KAPSELN TRAGEN, SIND SIE NICHT DEN VEGETATIVEN FARNWEDELN ANALOG, SONDERN STELLEN DIE GESCHLECHTLICHE GENERATION DAR. AN DER PFLÄNZCHEN-SPITZE SITZEN DIE GESCHLECHTSZELLEN, AUS DEREN WEIB-LICHER SORTE NACH DER BEFRUCHTUNG DIE BLEICHEN SPORENTRÄGER WACHSEN, DIE DEM MOOS DIE BEZEICHNUNG »GOLDENES FRAUENHAAR« EINGETRAGEN HABEN. NACH DER SPORENAUSSCHÜTTUNG VERTROCKNEN DIESE, SODASS HIER DIE GRÜNEN GESCHLECHTSPFLÄNZCHEN DIE AUS-DAUERNDE GENERATION DARSTELLEN. (DAVID ATTENBOROUGH, DAS LEBEN AUF UNSERER ERDE, PAREY: HAMBURG/BERLIN 1979, 62)

Wir wissen nun eine ganze Menge darüber, wie sich die »geheime Sexualität« in der Blüte einer Pflanze abspielt und können unsere Traubenhyazinthe nicht mehr nur wegen ihrer blauen Farbe oder der Umkonstruktion ihrer Blütenblätter bewundern, sondern auch als ein Beispiel von vielen, in dem der pflanzliche Generationswechsel zur Perfektion ausgereift ist. Diese Perfektion besteht zum einen darin, dass die kleine, hinfällige Geschlechtsgeneration den Widrigkeiten eines selbstständigen Lebens auf dem Erdboden vollständig entzogen und in den Schutz der »ausdauernden« Geschlechtsgeneration hereingenommen ist. Zum andern ist damit der Befruchtungsvorgang völlig von seiner Gebundenheit an das Wasser befreit. Es muss kein Wassertropfen mehr vorhanden sein, der auf dem Farn-Vorkeim die Distanz zwischen den beiden Geschlechtern überbrückt und die männlichen Geschlechtszellen durch aktives Schwimmen mit ihren Geißeln zu den Eizellen gelangen lässt. Dieser ganze Aufwand ist durch die »Erfindung« des Pollenschlauchs überflüssig geworden und die Anpassung an das Landleben damit wirklich perfekt. Gewiss kann man fragen, ob denn das relativ kleine Erscheinungsbild der Traubenhyazinthe den Inbegriff der Förderung der ungeschlechtlichen Generation darstellt. Gegenüber der optimalen Reduktion der Geschlechtsgeneration ist das aber eine eher zweitrangige Frage, die mehr mit ökologischen Bedingungen als mit dem Reproduktionsmechanismus zu tun hat. Für die Ausbreitung der Sporen ist ein möglichst hohes, baumförmiges Wachstum natürlich ein Vorteil, und entsprechend steht in der Stammesgeschichte der Landpflanzen diese evolutionäre Strategie der Größenzunahme auch ziemlich am Anfang. Entsprechend ist unter optimalen Vegetationsbedingungen der Artenreichtum an baumartigen Gewächsen überwältigend – denken wir nur an die tropischen Regenwälder. In anderen Regionen mit weniger günstigen Klimabedingungen sind große Bäume aber einer ganzen Reihe von Stress- und Risikofaktoren ausgesetzt: Trockenheit, Kälte, Sturm usw. setzen der Erhaltung eines großen Körpervolumens unter Umständen erheblich zu. Eine einzeln stehende Wettertanne hat es bei all ihrer Ausdauer wohl ungleich schwerer, die neun Monate eines Hochgebirgswinters zu überleben, als ein kleiner Enzian, der die widrigen Zeiten einfach eingezogen in den Erdboden »verschläft« und seinen unscheinbaren Körper auch in einer kurzen Vegetationsperiode rasch wieder aufbauen und zum Blühen bringen kann.

Auch unsere Traubenhyazinthe ist in dieser Beziehung ja eine Anpassungskünstlerin, wenn sie mit ihrer frühen Blüte nicht nur die ersten Bienen zu sich lockt, sondern auch ihren vegetativen Wuchs weitgehend abgeschlossen hat, bevor das Gras sie überwuchert, Viehtrieb oder Sense bzw. Mähmaschine ihr die Blätter rauben oder die Sommerhitze sie verdorren lässt. Rasche Samenreife und die Ausbildung einer ausdauernden unterirdischen Zwiebel sind hier die probaten Mittel der Selbstbehauptung, nicht das Pochen auf eine schwer durchsetzbare Größe. Diese Hinweise mögen als Beleg genügen, dass Körpergröße allein kein Zeichen für evolutionären Fortschritt ist. Besondere Umweltfaktoren können neue Lösungen des Überdauerns verlangen, die zu einem bloßen Ausdauern der ungeschlechtlichen Generation im Widerspruch stehen. An der Bedeutung des Generationswechsels ändert dies freilich nichts. Es zeigt im Gegenteil, wie überaus geeignet die ungeschlechtliche Generation mit ihrem doppelten Chromosomensatz für ökologisch notwendige Modifikationen ist, während die Geschlechtsgeneration in der Geschütztheit des Blüteninnern den erreichten Optimierungszustand mit der sexuellen Fortpflanzung weitergeben kann.

Wir haben bisher allerdings nur den in der Blüte verborgenen Generationswechsel der Samenpflanzen mit den Verhältnissen bei den Farnen parallelisiert und eine strukturelle Ähnlichkeit in der Strategie festgestellt, geschlechtliche Fortpflanzung und Verbreitung auf zwei verschiedene Erscheinungsweisen der Pflanze in stetem Wechsel zu verteilen. Es muss erst noch gezeigt werden, dass dieser idealtypischen Betrachtung tatsächlich ein realhistorischer Verlauf zugrunde liegt. Dazu helfen uns reale Zwischenglieder, die den Abstand der äußerlich so massiven Unähnlichkeit von Farnen und Samenpflanzen überbrücken. Sie geben uns eigentlich erst das Recht (und historisch gesehen waren sie der Anlass dafür), Bestäubung und Befruchtung der Samenpflanzen mit dem Generationswechsel der Farne in Beziehung zu setzen und ihn als evolutionäres Erklärungsmuster einzusetzen.

Seit wann gibt es Landpflanzen und wie haben die ältesten Landpflanzen ausgesehen?

Man holt unwillkürlich Atem bei dieser Frage, und das zeigt, dass
eine eindeutige Antwort gar nicht so leicht möglich ist. Das geht
schon damit los, dass nicht so klar ist, was man eigentlich als
»Landpflanze« bezeichnen soll. Es gibt Blaualgen, die eingepackt in
dicke Gallertschichten auf dem Trockenen leben, und das war
sicherlich schon vor zwei Milliarden Jahren so. Die »Tintenstriche«
an den Steilwänden unserer Gebirge werden von solchen Blaualgen
gebildet, und man kann beim besten Willen nicht behaupten, dies
sei ein nur zeitweise aus dem Wasser ragender Lebensraum. Auch
andere, höher organisierte Algen haben es immer wieder verstanden, sich an ein Leben auf dem Trockenen anzupassen. So gibt es
auch in unserer heimischen Vegetation fädige Grünalgen, die
ausschließlich im Erdboden vorkommen, und niemand kann sagen,
wie lange schon. Sehr wahrscheinlich waren es Lebensgemein-
schaften aus Algen und Pilzen, die wesentlich zur ersten dauerhaften Eroberung des Festlandes beigetragen haben, so wie ja auch
heute noch die Flechten zu den Pionieren bei der Besiedelung neuer
Lebensräume, etwa aus dem Meer auftauchender vulkanischer
Inseln, zählen. So ist z.B. die »Luftalge« *Trentepohlia*, welche die
Borke großer Laubbäume besiedelt und dort mit ihrer roten Farbe
besonders im Winter auffällt, häufig im Verein mit bestimmten
Pilzen zu finden, mit denen sie auch häufig eine Flechten-Symbiose
eingeht. Nur: Flechten verbreiten sich in erster Linie vegetativ
durch eine Art Mini-Ausgabe ihrer selbst: ein paar von Pilzfäden
umwickelte Algenzellen, die einerseits leicht vom Wind transportiert werden, andererseits am neuen Standort gleich wieder ihr
gemeinsames Wachstum beginnen können. Damit scheiden sie aber
als Ursprung für die Entwicklung der Landpflanzen aus; denn ohne
Sexualität gibt es nun einmal keine Evolution.

Wir suchen also die ältesten Sporenpflanzen zur Beantwortung
unserer Ausgangsfrage, möglichst einfache Vorläufer unserer

Farne, die in ihrem Bau und in ihrer Fortpflanzungsweise noch die Herkunft aus dem Wasser widerspiegeln. Lange Zeit galt der – nur fossil überlieferte – Nacktfarn *Rhynia* aus dem Unterdevon von Schottland als Prototyp der ursprünglichsten Landpflanze. Das lag nicht unbedingt an seinem Alter, obwohl er immerhin auf stolze 400 Millionen Jahre zu datieren ist, sondern an zwei zusätzlichen Besonderheiten. Zum einen bedingt der Hornstein, in dem er gefunden wurde, infolge der Imprägnierung durch Kieselsäure einen besonders guten Erhaltungszustand, der eine detaillierte anatomische Untersuchung erlaubt. Zum andern kommt die äußere Gestalt von *Rhynia* unserer Klischeevorstellung von Einfachheit besonders entgegen. Es handelte sich um binsenartige, bis etwa einen halben Meter hohe Pflanzen, deren blattlose Sprosse sich nach oben hin gabelig verzweigten und teilweise in keuligen Verdickungen endigten. Damit entsprachen sie in etwa dem Wuchs von einfachen Tangen, die aber nun nicht mehr in der Gezeitenzone der Meeresküsten verankert waren, sondern aufrecht stehend – auch Stabilität verleihende Leitungsbündel ließen sich in den Sprossen nachweisen – am trockenen Ufer wuchsen.

Gesteins-Dünnschliffe brachten an den Tag, dass es sich bei den keuligen Spross-Enden um Sporenbehälter handelte. In günstigen Fällen war das Innere dieser Behälter noch voller Sporen in tetraedrischer Anordnung, ganz genauso, wie wir das heute von den Sporenkapseln der Moose und Farne kennen. Nur, wo war die von diesen Sporenpflanzen erzeugte Geschlechtsgeneration? Bis in die Siebzigerjahre des letzten Jahrhunderts wurden dazu allerlei abenteuerliche Theorien produziert. Der Wurzelstock, aus dem die binsenartigen *Rhynia*-Sprosse wuchsen, sollte der Vorkeim sein. Oder er wurde mit kleinen seitlichen Emergenzen identifiziert, die an den Sprossen anderer Nacktfarn-Arten bisweilen anzutreffen waren. Die »eleganteste« Meinung war wohl, die Geschlechtspflanzen äußerlich wie Sporenpflanzen aussehen zu lassen, sodass es sich hier um den Wechsel von zwei formgleichen Generationen gehandelt hätte, in deren keuligen Enden nur im einen Fall Sporen und im anderen Fall Geschlechtszellen enthalten waren. Ein solcher »isomorpher« Generationswechsel kommt im Algenreich tatsächlich vor und wäre damit ein weiterer, besonders eindrucksvoller Beleg für die Ursprünglichkeit dieser

Landpflanzen gewesen. *Rhynia* hätte damit einen Entwicklungs-
zeitpunkt repräsentiert, als die Reduktion der Geschlechtsgeneration als Anpassung an die Trockenheit des Festlandes noch nicht
angefangen hatte.

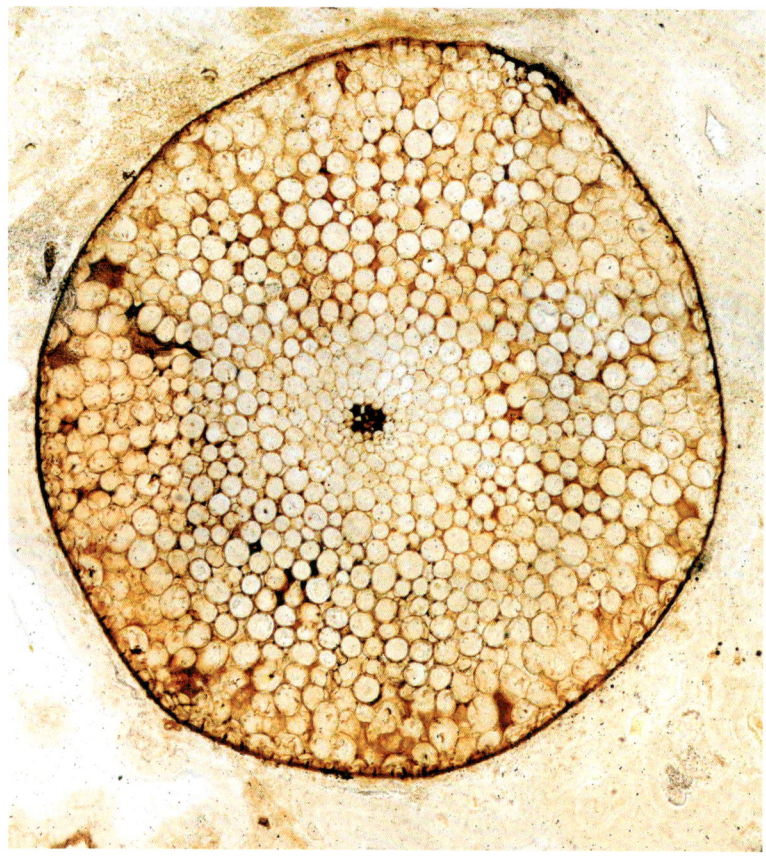

RHYNIA – 400 MILLIONEN JAHRE PFLANZENANATOMIE: DER »NACKTFARN«
RHYNIA IST NICHT DAS ÄLTESTE LANDPFLANZEN-FOSSIL, ABER AUFGRUND
SEINES ERHALTUNGSZUSTANDS DAS AM BESTEN UNTERSUCHBARE. WAS WIE
EIN SCHNITT AUSSIEHT, IST IN WAHRHEIT EIN DÜNNSCHLIFF DURCH DEN
VERSTEINERTEN STÄNGEL, DER ABER ALLE NUR WÜNSCHENSWERTEN DETAILS
PREISGIBT. (EN.WIKIPEDIA.ORG)

Spätere Entdeckungen haben allerdings solchen blühenden Speku-
lationen ein drastisches Ende bereitet. Es hat sich im Lauf genaue-
rer Untersuchungen herausgestellt, dass die kleinen, sternförmigen
Gebilde, die in unterdevonischen Sandsteinen bei Bonn massenhaft
zu finden sind und in den paläontologischen Beschreibungen seit

1871 fantasievoll als *Sciadophyton* rangierten, nichts anderes sind als die Vorkeime einer *Rhynia* ähnelnden, weiteren Nacktfarn-Gattung mit Namen *Zosterophyllum*. Damit war also zur Zeit von *Rhynia* der Generationswechsel mit unterschiedlichem Aussehen bereits »üblich«, und es ist weit wahrscheinlicher, dass die Geschlechtsgeneration bei *Rhynia* aufgrund ihrer Hinfälligkeit einfach nicht erhalten geblieben ist, als dass sie dort von einer derart ungewöhnlichen Dauerhaftigkeit und Gleichartigkeit mit der Sporen-Generation gewesen sein sollte. Auch wenn jüngste Funde weitere Verwandte von *Rhynia* (die Gattung *Cooksonia*) bis ins mittlere Silur (vor 425 Millionen Jahren) zurückverlagerten, ist doch von der Vorstellung Abstand zu nehmen, bei den Nacktfarnen handele es sich um direkt aus dem Wasser »gekrochene« Tange. Sie sind zwar die ältesten Versteinerungen von Landpflanzen, den Beginn der pflanzlichen Evolution auf dem Festland markieren sie jedoch mit ziemlicher Sicherheit nicht.

Für die Pioniere bei der pflanzlichen Landnahme hält man gegenwärtig die Lebermoose; denn die ältesten Sporen (ca. 475 Millionen Jahre), die man derzeit mit einiger Sicherheit den Landpflanzen zuordnen kann, erinnern in mancherlei Hinsicht an diese Gruppe. Wir haben schon gesehen, dass bezüglich des Generationswechsels die Moose einen unglücklichen Evolutionsweg eingeschlagen haben, indem sie in ihrer vegetativen Entwicklung auf die mit nur einfachem Chromosomensatz ausgestattete Geschlechtsgeneration gesetzt haben, statt auf die sporenbildende ungeschlechtliche Generation mit doppeltem Chromosomensatz. Immerhin ist recht gut vorstellbar, dass aus dem gelappten Thallus (so nennt man die ohne festigendes Leitgewebe dem Untergrund anliegenden Pflanzenkörper) einfach gebauter Lebermoose der Vorkeim der Farne hervorgegangen sein könnte.

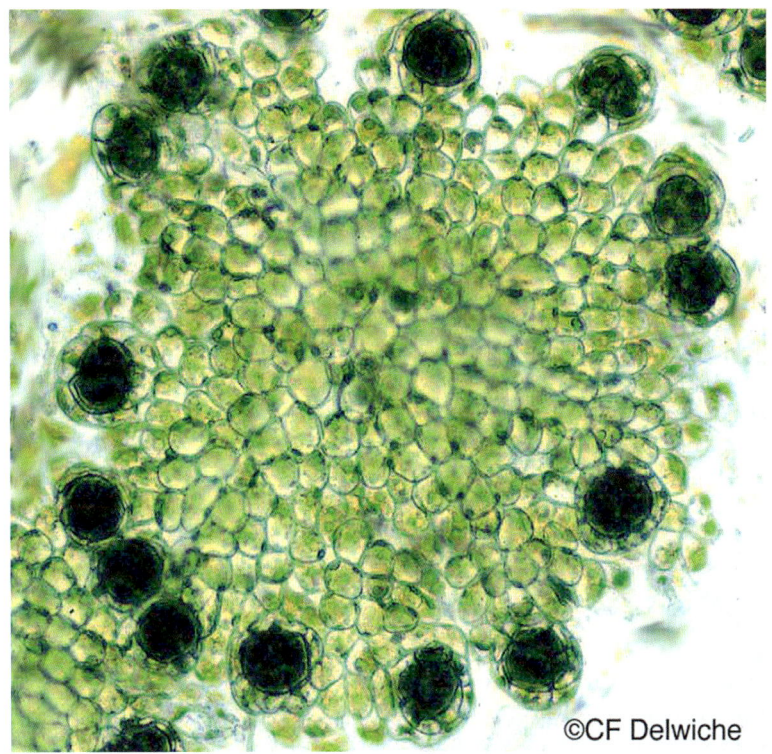

©CF Delwiche

SOLCHE ALGEN KÖNNTEN DIE PIONIERE DER PFLANZLICHEN LANDNAHME
SEIN: SCHEIBENFÖRMIGES LAGER DER GATTUNG *COLEOCHAETE* MIT VON
KÖRPERZELLEN UMGEBENEN (DUNKEL GEFÄRBTEN) EMBRYONEN .
(HTTP://WWW.LIFE.UMD.EDU/LABS/DELWICHE/STRP/CHLOROPHYTA/
CHAROPHYCEAE/CHAROPHYCEAE.HTML)

Was in der Vergangenheit den Moosen ihren Rang als stammesgeschichtliche Basis der Landpflanzen streitig gemacht hat, war der
Umstand, dass man fossile Moospflanzen erst aus erdgeschichtlich
viel jüngerer Zeit, nämlich dem Karbon (vor 360 bis 300 Millionen
Jahren) kennt. Dass Moose und Farne stammesgeschichtlich miteinander verwandt sind, war aufgrund ihrer ähnlichen Geschlechtsorgane von jeher klar. Der fossile Befund ließ aber den
Farnen den Vorrang auf der Altersliste und machte die Moose zu
einem sekundären Seitenzweig der Evolution. Nun hat, wie gesagt,
die Datierung einiger versteinerter Sporen die Ansicht umgekehrt
– wie gesichert und für wie lange, soll hier nicht weiter diskutiert
werden. Mehr Kopfschmerzen bereitet dem Botaniker, der an das

klassische System gewöhnt ist, die derzeit favorisierte Ableitung der Moose aus den Armleuchteralgen. Die Gattung *Chara* (um den wenig schmeichelhaft klingenden deutschen Namen zu vermeiden) ist eine hoch spezialisierte Gruppe von Grünalgen, die in kalkhaltigen Bächen und Seen der Voralpen häufig zu finden ist. Mit ihren vom eingelagerten Kalk rauen Stämmchen und Zweigquirlen fühlen sie sich im Wasser wie manche Laichkräuter an und sehen auf den ersten Blick auch eher wie Samenpflanzen statt wie Algen aus. Dass eine neue stammesgeschichtliche Entwicklungslinie von einer so hoch spezialisierten Gruppe ihren Ausgang genommen haben soll, statt von einer primitiven, widerspricht allem evolutiven Taktgefühl. Um jedoch kompromissbereit zu sein: Solange man, wenn man von »Armleuchteralgen« spricht, die ganze systematische Großgruppe der Charophyta meint, zu der heutzutage auch fädige und sogar einzellige Formen gezählt werden, mag es angehen, die evolutive Entstehung der Moose aus dieser Gruppe zu vertreten. Man darf sich dann allerdings nicht vorstellen, dass ein heutiges Brunnenlebermoos aus einer modernen Armleuchteralge der Gattungen *Chara* oder *Nitella* hervorgegangen wäre, sondern eher, dass gewisse einfache Charophyten begonnen haben, ihre Geschlechtszellen nicht mehr frei ins Wasser abzugeben, sondern die Entwicklung der befruchteten Eizellen auf ihrem Thallus zu schützen. Damit waren sie auf ein Leben auf trockenem Boden gut vorbereitet, und einer Fortentwicklung zu einfach gebauten Lebermoosen stünde nichts mehr im Weg. Von diesen äußerst zarten Pflänzchen ist natürlich fossil so gut wie nichts erhalten geblieben, und so mögen sie durchaus sehr alt sein und mit den genannten Sporenfunden aus dem Ordovizium (vor 500 bis 440 Millionen Jahren) in Verbindung gebracht werden.

Die weitere Evolution der Landpflanzen ist kontrovers. Zunächst ist man fest davon überzeugt, dass die erste große Gruppe, die sich aus den Moosen entwickelt hat, die Bärlappgewächse sind. Was den Nacktfarn dem Moos gegenüber unterscheidet, ist die Entwicklung von echten Leitbündeln, deren Röhrenbauweise dem Spross von innen her Festigkeit verleiht und ihm ein Sich-Erstrecken in den Luftraum erlaubt. Was den Nacktfarn zum Bärlapp macht, ist die Ausbildung von Blättern, die aus der Verwachsung und Einkür-

—Lycopodiaceae—
Lycopodium annotinum L.
Sprossender Bärlapp

EIN HEUTIGES BÄRLAPPGEWÄCHS: BÄRLAPPGEWÄCHSE HABEN SICH SEIT 300 MILLIONEN JAHREN KAUM MEHR VERÄNDERT, UND ES GIBT SIE NUR NOCH ALS KRAUTIGE FORMEN. SO WÄCHST DER ABGEBILDETE SPROSSENDE BÄRLAPP – BELEGSTÜCK AUS DER FRÜHZEIT MEINER BOTANISCHEN BETÄTIGUNG – MIT SEINER KRIECHENDEN ACHSE IM FEUCHTEN MULM SCHATTIGER BERGWÄLDER, UND NUR SEINE SPORENÄHREN STEHEN AN DER SPITZE AUFRECHTER ZWEIGE IN DIE HÖHE. (CK)

zung von gabeligen Spross-Enden resultieren. Dabei sind die Bärlappgewächse »bescheiden« geblieben und haben nur schuppen- oder nadelartige Blätter entwickelt. Solche »Kleinblätter« treten auch später bei den Samenpflanzen wieder auf, nämlich bei unseren Nadelbäumen. »Großzügiger« sind dagegen die echten Farne vorgegangen, die gleich viele Nacktfarn-Spross-Enden zu einem »Großblatt« vereinigt haben, das die zusammengesetzte Herkunft in seinem gefiederten Bau offenbart. Diese Großblättrigkeit finden wir unter den Samenpflanzen mehrfach wieder; sie ist insbesondere charakteristisch für unsere Blütenpflanzen. Natürlich können solche Fiederblätter durch weitere Verwachsung ganzrandig werden, und wir stellen bei den Blättern der Blütenpflanzen dementsprechend auch ein weites Spektrum aller möglichen Übergänge fest. Nur eine Untergruppe der Blütenpflanzen besitzt grundsätzlich nur ganzrandige Blätter, die sogenannten »Einkeimblättrigen«, wozu neben Lilien, Orchideen, Palmen, Gräsern u.a. auch unsere Traubenhyazinthen gehören. Sie werden aufgrund dieses wie auch anderer Merkmale mit Recht als eigene systematische Einheit zusammengefasst.

So viel zur Evolution des Blattes. Man sollte indessen für die stammesgeschichtliche Verwandtschaft nicht zu viel auf das Merkmal der Klein- bzw. Großblättrigkeit geben, weil insbesondere das Großblatt vermutlich mehrmals unabhängig voneinander im Lauf der Evolution gebildet wurde. Anders wäre es jedenfalls nicht zu erklären, dass innerhalb einer aus anderen, wesentlicheren Gründen zusammengehörenden Pflanzengruppe, den Nacktsamern oder Gymnospermen, Groß- und Kleinblättrigkeit nebeneinander vorkommt. Wollte man hier die Einteilung allein nach dem Bau der Blätter vornehmen, risse man in die Augen fallende natürliche Verwandtschaftsverhältnisse künstlich auseinander. Wie wir schon bei Linné gesehen haben: Generative Merkmale, also solche der Reproduktionsorgane, sind einfach wesentlicher als vegetative.

Noch ein kurzer Blick auf die Bärlappgewächse. Sie sind ziemlich rasch erfolgreich geworden und brachten schon vor 370 Millionen Jahren die ersten baumförmigen Arten hervor. Mit den mächtigen, bis über 40 m hohen Schuppen- und Siegelbäumen dominierten sie die sumpfigen Urwälder des Steinkohle-Zeitalters, dessen Ende sie aber fast ausnahmslos nicht überlebten. Seit diesem jähen, vermutlich klimatisch bedingten Abbruch ihres Anfangserfolgs gibt es Bärlappgewächse nur noch in Form von kleinen, krautartigen Vertretern. Sie haben sich in den letzten 300 Millionen Jahren kaum mehr verändert und sind gerade darum als »lebende Fossilien« besonders interessant für die Frage nach der Weiterentwick-

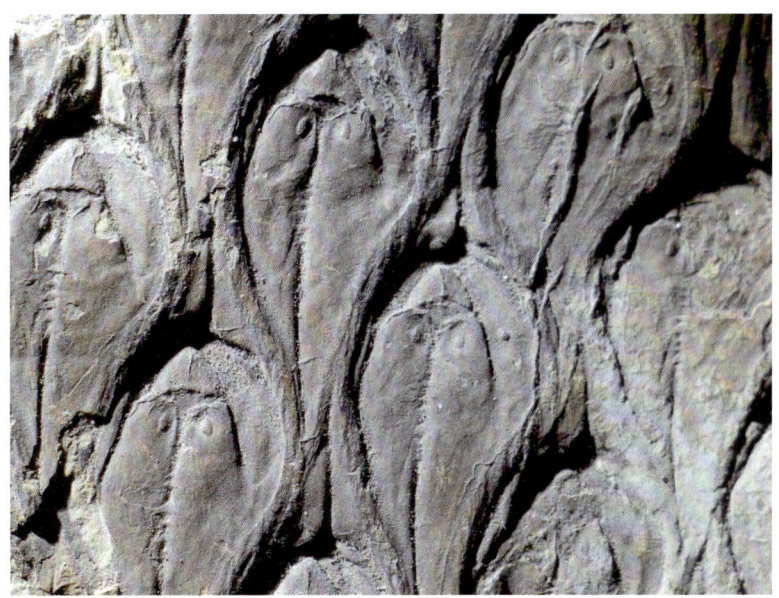

VERSTEINERTES STAMMSTÜCK EINES KARBONISCHEN SCHUPPENBAUMS: IM FEUCHTWARMEN KLIMA DES KARBONZEITALTERS HATTEN DIE BÄRLAPP- GEWÄCHSE IHRE GROSSE ZEIT UND RAGTEN ALS BIS ZU 40 M HOHE UR- WALDRIESEN IN DEN HIMMEL, DIE IN MÄCHTIGEN BLATTSCHÖPFEN GIPFEL- TEN. WIE VIEL GRÖSSER DIE DAMALIGEN »MIKROPHYLLE« WAREN, LÄSST SICH VERGLEICHEND AN DEN BLATTNARBEN DER ABGEFALLENEN BLÄTTER ABLESEN, DIE FAST 3 CM LANG SIND. (CK)

lung des Generationswechsels auf dem Trockenen, die uns im nächsten Kapitel beschäftigen wird.

Neben den Bärlappgewächsen, und später als sie, sind aus den Nacktfarnen drei weitere Großgruppen von Landpflanzen hervor- gegangen: die Schachtelhalme, die eigentlichen Farne und die Samenpflanzen. Wenn man nach der Berechtigung fragt, drei so verschiedene Pflanzengruppen zusammenzufassen und den Bärlappen gegenüberzustellen, dann ist es wieder ein generatives, für sich selbst genommen unscheinbares Merkmal: die Zahl der Geißeln an den männlichen Geschlechtszellen. Während Moose und Bärlappe der Besitz von zweigeißeligen Spermazellen vereint, haben die anderen drei Gruppen männliche Geschlechtszellen mit einer Vielzahl von Geißeln, die oft in regelrechten Kränzen ange- ordnet sind. (Nun, um ehrlich zu sein, die Samenpflanzen haben natürlich gar keine Geißeln mehr an den Geschlechtszellen, aber das hat, wie wir schon wissen, andere, sekundäre Gründe.) Es muss also innerhalb der Basisgruppe der Nacktfarne einmal die Weichenstellung für diesen neuen, vielgeißeligen Geschlechtszellentyp erfolgt sein, und darum fasst man die durch ihn charakterisierten Pflanzengruppen zu einer Einheit zusammen und stellt sie den Bärlappgewächsen gegenüber.

Anders die Schachtelhalme. Sie hatten ähnlich wie die Bärlappgewächse ihre große Zeit vor 350 bis 290 Millionen Jahren im Karbon, wo sie insbesondere als Calamiten sich mit den Schuppen- und Siegelbäumen der Steinkohlewälder vergesellschafteten. Heute gibt es auch hier nur noch etwa 15 krautige Arten, deren Spross einen schon im Namen angedeuteten typischen Bau aufweist. Er besteht aus einer Anzahl von stockwerkartig hintereinandergeschachtelten Knoten, von denen jeweils ein Kranz grüner Äste ausgeht, was dem Ganzen Ähnlichkeit mit einer Flaschenbürste verleiht. Die Sporenbehälter sind in einer endständigen Ähre zusammengefasst, die entweder den grünen Sprossen aufsitzt oder an eigenen, bleichen und astlosen Trieben gebildet wird. Im Unterschied zu diesem einheitlichen Erscheinungsbild der heutigen Schachtelhalme handelt es sich bei den echten Farnen um eine ungeheuer vielgestaltige Gruppe. Dies weist die echten Farne als relativ junge, noch in voller evolutiver Entfaltung stehende Pflanzengruppe aus. Ihre Anfänge reichen zwar auch bis ins Devon zurück, aber im Gegensatz zu den Bärlappgewächsen und Schachtelhalmen setzte die große Ausbreitung bei ihnen erst viel später ein (vor etwa 80 Millionen Jahren) und hält bis heute an. So lassen sich weltweit mehr als 11.000 Arten unterscheiden, und das Spektrum der Lebensformen reicht von kleinen Wasserfarnen bis zu 20 m hohen Baumfarnen.

Parallel zu den Farnpflanzen und etwa zeitgleich mit ihnen haben sich als dritte große Gruppe der Landpflanzen die Samenpflanzen entwickelt. Zu ihnen gehören einerseits die »Nacktsamer«, wie Palmfarne, Nadelbäume, Ginkgo- und Gnetumgewächse, und andererseits die »Bedecktsamer« oder »eigentlichen« Blütenpflanzen. Obwohl die Gruppen der Nacktsamer im äußeren Erscheinungsbild sehr verschieden sind, gehen sie vermutlich auf einen gemeinsamen Ursprung zurück, der sogar jünger ist als die

Entwicklungslinie, die zu den Blütenpflanzen führt. Man kann sich das so vorstellen, dass schon relativ früh innerhalb der Basis der Farn-Evolution an der »Erfindung« der Samenbildung »herumgetüftelt« wurde und in verschiedenen Gruppen die Ausbildung dieses neuen Ausbreitungsorgans auch erreicht worden ist. Diese, längst ausgestorbenen, Vertreter werden nun als »Samenfarne« in die Entwicklungslinie eingereiht, die zu den Samenpflanzen führt. Dabei lassen sich die schon seit über 300 Millionen Jahren existierenden Nacktsamer-Familien leichter an diese Entwicklungslinie anschließen als die erheblich jüngeren, erst seit rund 150 Millionen Jahren sich ausbreitenden Blütenpflanzen. Weil es indessen nicht möglich ist, deren stammesgeschichtliche Entwicklung direkt aus einer der Nacktsamer-Gruppen abzuleiten, zieht man es vor, die weitgehend im Dunkeln liegenden Ursprünge der Blütenpflanzen so weit zurück zu datieren, dass ihre – durchaus auch bestehenden – Gemeinsamkeiten mit den Nacktsamern durch Ahnen aus der Zeit der Samenfarne erklärt werden. Wie man sieht, gründen Stammbäume nicht nur auf harten Fakten, sondern oft auch auf strategischen – um nicht zu sagen diplomatischen – Überlegungen.

Auf jeden Fall sind die Blütenpflanzen die bei Weitem erfolgreichste Gruppe innerhalb der Landpflanzen geworden: Sie stellen mit ihren heute bekannten 270.000 Arten die lediglich 800 Arten umfassenden Nacktsamer weit in den Schatten, und sie lassen auch die Vielfalt der echten Farne um mindestens eine Größenordnung hinter sich. Dieser Ausbreitungserfolg hat sicher mit der Perfektion zu tun, welche die Samenbildung und die damit in Zusammenhang stehende Wasserunabhängigkeit der sexuellen Fortpflanzung bei den Blütenpflanzen gewonnen hat.

Damit sind wir von unserem Ausflug in die Evolution der Landpflanzen wieder zu seinem Ausgangspunkt zurückgekehrt, die Fortpflanzungsvorgänge in der Blüte. War damals, im zweiten Kapitel, der Generationswechsel das Geheimnis hinter den Samenanlagen, so ist nun zu fragen, wie es vom Generationswechsel zur Samenverbreitung kommen konnte. Glücklicherweise besitzen wir unter den heutigen Bärlapp- und Farngewächsen genügend »Modellfälle«, anhand derer wir diesen Weg verfolgen können.

EVOLUTIONSSTRATEGIEN

Alle bisher besprochenen Gruppen der Landpflanzen, Moose, Bärlappe und Farne, verbreiten sich durch Sporen. Zudem besitzen alle einen Generationswechsel, um neben dieser ungeschlechtlichen Fortpflanzung die Vorteile der Sexualität auszunutzen, die Neukombination des Erbmaterials. Der Befruchtungsvorgang ist bei all diesen Formen an atmosphärisches Wasser gebunden, weil die männlichen Geschlechtszellen getreu ihrer Herkunft aus dem Algenreich (siehe nächstes Kapitel) darin durch aktives Schwimmen die Distanz zu den weiblichen Geschlechtsorganen überwinden müssen. Die Geschlechtsgenerationen sind infolgedessen klein und auf das Bewohnen feuchter Standorte festgelegt. Sie zeigen außerdem die Tendenz, auf alle möglichen Weisen die Distanz zwischen weiblichen und männlichen Geschlechtsorganen gering zu halten. Beim Wurmfarn wurde das auf die Weise gelöst, dass weibliche und männliche Geschlechtsorgane auf ein und demselben Vorkeim vorkamen und die männlichen Geschlechtszellen damit nur millimetergroße Entfernungen überwinden mussten.

Viele Farnartige haben aber zweierlei Sporensorten, die sich schon äußerlich in der Größe unterscheiden und zu entsprechend verschiedenen männlichen und weiblichen Vorkeimen auswachsen. Es ist üblich geworden, aufgrund ihres Größenunterschieds die Sporen, aus denen die männliche Geschlechtsgeneration hervorgeht, als »Mikrosporen« zu bezeichnen und jene für die weibliche Geschlechtsgeneration als »Megasporen«. (Eigentlich wäre das sprachliche Pendant ja »Makro«-Sporen, aber das klingt im Wissenschaftsenglisch zu ähnlich.) Die Bezeichnungen kündigen an, dass in den beiden Sporensorten unterschiedliche Mengen an Vorratsstoffen eingelagert sind und damit die männlichen Vorkeime schwächer ausfallen als die weiblichen. Der evolutive Trend eines unterschiedlichen Gefälles von männlicher und weiblicher Geschlechterreduzierung ist so grundgelegt. Die Rückbildung der männlichen Geschlechtsgeneration ist der weiblichen immer um einen Schritt voraus. Fortpflanzungsbiologisch hat dies natürlich damit zu tun, dass die männliche Seite im Dienst der Verbreitung, die weibliche dagegen im Dienst der Versorgung der Nachkommen steht.

Am Beispiel von nahen Verwandten unserer Bärlappe, den Moosfarnen, lässt sich das schön belegen.

Moosfarne *(Selaginella)*, so benannt nach ihrer Ähnlichkeit mit gewissen Laubmoosarten, zeigen eine ausgeprägte Zweigestaltigkeit ihrer Sporen. Die Sporenbehälter sitzen in den Achseln ihrer moosartigen Laubblättchen, entweder verstreut über den ganzen Spross oder an der Spitze in einer Ähre zusammengefasst. Schon äußerlich ist sichtbar, ob ein Sporenbehälter Mikro- oder Megasporen besitzt (beide Typen kommen innerhalb derselben Ähre vor). Während die Mikrosporen zahlreich und in lockerer Füllung in ihren Behältern vorliegen, ist die Zahl der Megasporen auf vier beschränkt, und die füllen ihren Behälter so prall aus, dass sich ihre Umrisse als Vorwölbungen an der Behälterwand abzeichnen.

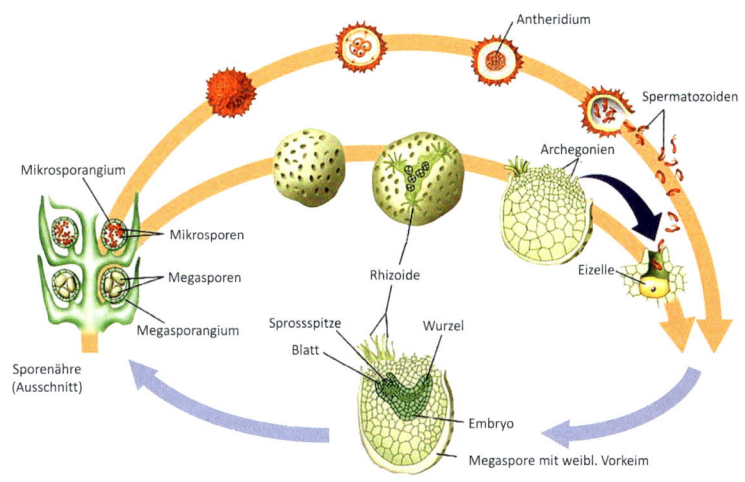

MOOSFARN *SELAGINELLA*: BEFRUCHTUNG UND KEIMUNG INNERHALB DER REIF AUFGESPRUNGENEN MEGASPORE. (MURRAY W. NABORS, BOTANIK, PEARSON STUDIUM: MÜNCHEN 2007, ABB. 21.13; VERÄNDERT (CK)

In beiden Fällen geschieht die Vorkeim-Entwicklung schon innerhalb der Spore. Im Fall des männlichen Vorkeims bedeutet das eine extreme Reduktion – es entsteht praktisch nur noch ein die ganze Spore ausfüllendes Geschlechtsorgan, in dem die mit zwei Geißeln versehenen Spermazellen gebildet werden. In reifem Zustand besteht eine solche Spore also nur noch aus einem Paket männlicher Geschlechtszellen, von der Sporenwand umkleidet. Als solches wird die Mikrospore aus dem Sporenbehälter ausgestreut, fällt auf den Boden, reißt bei genügend Feuchtigkeit auf und entlässt die beweglichen Spermazellen auf die Reise zu den weiblichen Geschlechtsorganen. Bei den weiblichen Vorkeimen ist die Reduktion der Geschlechtsgeneration nicht ganz so weit vorangetrieben, aber auch deren Entwicklung geschieht innerhalb der Spore auf der Mutterpflanze. Das Innere der Megaspore wird aber durch viele Zellteilungen noch zu einem richtigen Vorkeim-Gewebe, in dem mehrere weibliche Geschlechtsorgane angelegt werden. Diese sind alle einem Pol der Spore zugeordnet; er reißt bei der Reife auf und lässt den Vorkeim ein wenig hervortreten. Wenn die Spore von der Mutterpflanze abfällt, kommt sie mit dieser Seite auf den feuchten Erdboden zu liegen und verankert sich mit einigen hervorsprießenden Würzelchen in ihm. Für die richtige Lage der weiblichen Geschlechtsorgane im Hinblick auf den Befruchtungsvorgang ist damit gesorgt.

Es bleibt noch das Problem, die Distanz zu den männlichen Geschlechtszellen zu überwinden. Weil der Größenunterschied der Sporen so beträchtlich ist, werden sich viele Mikrosporen an den Warzen und Runzeln der Megasporenwand verfangen und von dort mit einem einzigen Regentropfen zur geöffneten Megaspore verfrachtet. Dann erst reißen sie auf, und die Überwindung der verbleibenden minimalen Befruchtungsdistanz stellt kein Problem mehr dar. Auch der Embryo, der aus der befruchteten Eizelle hervorgeht, bleibt noch eine Weile in der Obhut der Megaspore. Er entwickelt sich in ihrem Innern und verbraucht den restlichen Vorkeim als erstes Nährgewebe, sodass die Spore zu diesem Zeitpunkt schon so etwas wie einen Samen darstellt.

WAS MUSS FÜR EINEN »RICHTIGEN« SAMEN HINZU-KOMMEN? Glücklicherweise gibt es versteinerte »Samenbärlappe« aus dem Oberkarbon Englands (vor ca. 330 Millionen Jahren), die uns das in eindrucksvoller Weise zeigen. Einer von ihnen, *Lepidodendron lomaxi*, besitzt so wundervoll erhaltene Sporenähren, dass sich im Gesteinsdünnschliff die feinsten anatomischen Einzelheiten zeigen. Die Zahl der Megasporen ist hier bis auf eine pro Sporenbehälter reduziert, und das Innere dieser Spore zeigt den zellulären Aufbau des weiblichen Vorkeims. Dieser ist aber nicht nur von der Sporenwand fest umschlossen, sondern auch von der Wand des Sporenbehälters und dem tütenförmig darumgebogenen Tragblatt. Offenbar sollte sich die Megaspore gar nicht mehr aus dieser Umhüllung lösen und auf den Boden fallen, sondern an Ort und Stelle auf der Sporenpflanze durch Mikrosporen – ja, was nun? – »bestäubt« werden! Ein feiner Spalt zwischen den Rändern des tütenförmigen Tragblatts verstärkt diesen Verdacht.

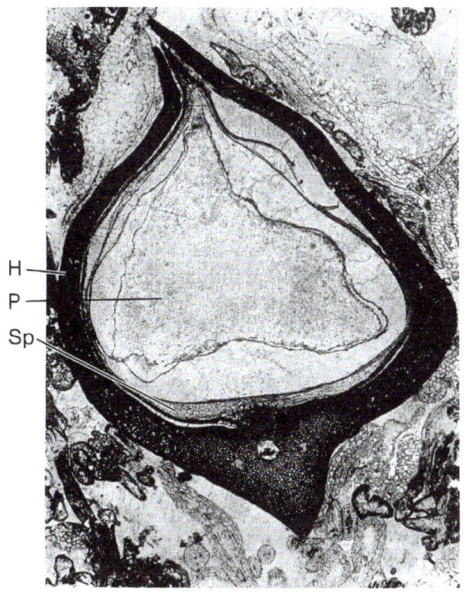

DÜNNSCHLIFF DER ÄLTESTEN SAMENPFLANZE, *LEPIDOCARPON LOMAXI*: ES IST NUR EIN KLEINER »LOGISCHER« SCHRITT VON DER EMBRYOBILDUNG IN DER MEGASPORE BIS ZUM VERBLEIB DER MEGASPORE AUF DER MUTTER-PFLANZE, WIE ER HIER DOKUMENTIERT WIRD. FÜR LAIEN MAG ER ZIEMLICH ZERQUETSCHT AUSSEHEN – DER BOTANIKER ERKENNT AN IHM ALLE WICHTI-GEN MERKMALE: TÜTENFÖRMIG EINGEROLLTES HÜLLBLATT (H) MIT LEIT-BÜNDEL FÜHRENDER BLATTBASIS UNTEN UND ÖFFNUNG (*MIKROPYLE*) FÜR DEN EINTRITT VON MIKROSPOREN (OBEN); WAND DES DAMIT VERBUNDENEN SPORENBEHÄLTERS (SP) MIT EINGESCHLOSSENER MEGASPORE; IN DEREN INNEREM DER WEIBLICHE VORKEIM (*PROTHALLIUM* P). DER DUNKLE FLECK AN DER ZUSAMMENGEQUETSCHTEN SPITZE DER SPORE KÖNNTE DER BEGIN-NENDE EMBRYO SEIN. (LÜTTGE/KLUGE/THIEL, BOTANIK – DIE UMFASSENDE BIOLOGIE DER PFLANZEN, WILEY-VCH VERLAG: WEINHEIM 2010, ABB. 24-17)

Bestätigt wird er durch einen weiteren Fossilfund, der diesmal wirklich wie ein versteinerter Moosfarn aussieht, *Miadesma membranacea*. Der Dünnschliff ist hier nicht so gut, weil die

Pflanze in Sandstein eingebettet ist, und offenbart keine Einzelheiten der weiblichen Geschlechtsgeneration in der Megaspore mehr. Aber er zeigt Mikrosporen im Raum zwischen Tragblattrand und aufgerissener Wand der Megaspore. Die Befruchtung vollzog sich also tatsächlich auf der Mutterpflanze und so wohl auch die erste Entwicklung des Embryos. Auch wenn kein fossiler Beleg mit einem sichtbaren Embryo erhalten ist, wissen wir damit, was Samenbildung ist: die Umgestaltung einer Megaspore samt ihres Behälters zum Ort der weiblichen Geschlechtsgeneration, der Bestäubung, der Befruchtung, der anfänglichen Ernährung des Embryos mittels des restlichen Vorkeim-Gewebes und der Verwendung in diesem Entwicklungszustand als Verbreitungseinheit. Dieser Trend ist mit der Differenzierung in zwei Sporensorten eingeleitet, und es ist nur folgerichtig, dass eine derartige Samenbildung schon sehr früh und mehrfach unabhängig voneinander innerhalb der verschiedenen Basisgruppen der Farnartigen erreicht wurde. Nun leuchtet auch ein, dass nicht alles, was paläontologisch als »Samenfarn« beschrieben wird, als systematisch zusammengehörig verstanden werden darf.

Welche Verbesserung ist dann bei den Samenpflanzen dazugekommen, die sie von den Farnartigen so prinzipiell unterscheidet? Es sind unauffällige, aber folgenreiche Verbesserungen, die aus der Samenbildung eine Plattform machen, von der aus ökologische Anpassungen in alle Richtungen möglich werden. Das betrifft zunächst einmal die weitere Optimierung der Bestäubungsbedingungen, des Befruchtungsvorgangs und der Samenverbreitung – Besonderheiten, die bei den Samenfarnen ja gerade erst entstanden sind. Wenn hier optimale Funktionalität erreicht ist, kann anschließend unter Einsatz der Möglichkeiten der Samenbildung die vegetative Ausgestaltung in Angriff genommen werden. Deren Mannigfaltigkeit kennt insbesondere bei den Blütenpflanzen kaum noch Grenzen.
Zunächst geht es um ein restloses Unabhängigwerden vom Regenwasser bei der Befruchtung. Die aus der Mikrospore entlassenen männlichen Geschlechtszellen müssen bei den Samenfarnen trotz aller Nähe des weiblichen Vorkeims ja noch einen Wassertropfen zur Verfügung haben, um aktiv die letzten Millimeter der

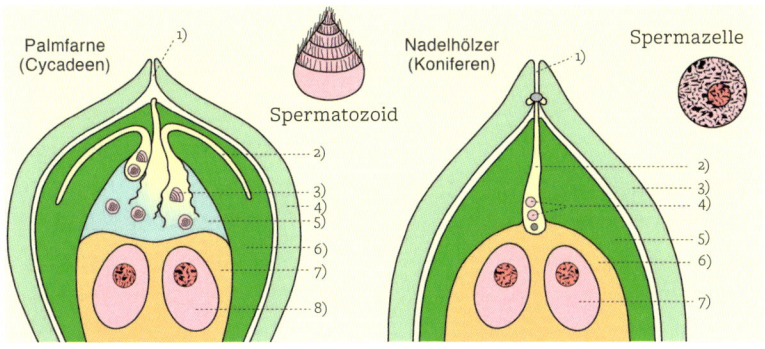

Palmfarne (Cycadeen)

Spermatozoid

Nadelhölzer (Koniferen)

Spermazelle

1) Mikropyle
2) Pollenschlauch
3) Spermatozoid
4) Integument
5) Archegonienkammer
6) Nucellus
7) Embryosack
8) Eizelle

1) Mikropyle
2) Pollenschlauch
3) Integument
4) Spermazellen
5) Nucellus
6) Embryosack
7) Eizelle

DER WEG ZUR WASSER-UNABHÄNGIGEN BEFRUCHTUNG: DER POLLEN-SCHLAUCH EXISTIERT BEREITS, ABER DIE PALMFARNE NUTZEN IHN NOCH NICHT IN LETZTER KONSEQUENZ – ZU NACHHALTIG SCHEINT DAS ERBE BEWEGLICHER MÄNNLICHER GESCHLECHTSZELLEN (*SPERMATOZOIDEN*). DER POLLENSCHLAUCH DIENT DARUM VOR ALLEM ZUR ERNÄHRUNG DER SICH ENTWICKELNDEN SPERMATOZOIDEN AUS DEM DICKEN GEWEBE DER SPORANGIENWAND (*NUCELLUS*). IN DER ARCHEGONIENKAMMER GE-SCHIEHT DANN DIE BEFRUCHTUNG AUF DIE HERKÖMMLICHE WEISE. DAMIT MACHEN DIE NADELHÖLZER ENDGÜLTIG SCHLUSS. ES GIBT NUR NOCH GEISSELLOSE SPERMAKERNE, DIE UNMITTELBAR ZU DEN EIZELLEN GELEITET WERDEN. (LÜTTGE/KLUGE/THIEL, ABB. 24-35, VERÄNDERT CK)

Distanz zu den weiblichen Geschlechtsorganen zu durchschwimmen. Dieses Problem wird innerhalb der Nacktsamer gelöst. Schauen wir zunächst auf die Palmfarne, eine großblättrige Gruppe von Nacktsamern, die äußerlich tropischen Baumfarnen gleicht, aber nicht näher mit ihnen verwandt ist. Auch die Palmfarne haben immer noch Spermazellen, die auf aktives Schwimmen eingerichtet sind, wie ihre zahlreichen Geißeln beweisen. Aber das für die Befruchtung nötige Wasser wird von der Pflanze selbst als »Befruchtungstropfen« geliefert. Die Megaspore hat dazu an ihrem oberen Ende, das in Richtung auf den vom einhüllenden Tragblatt gebildeten Schlitz weist, eine kammerartige Aussparung zwischen Sporenwand und Vorkeimgewebe. In diese Aussparung münden die zu den Eizellen führenden Kanäle der weiblichen Geschlechtsorgane, und sie sondern eine Flüssigkeit ab, die die männlichen Geschlechtszellen aufnehmen. Die männlichen

Geschlechtszellen werden also nicht, wie bei den Moosfarnen, einfach aus der Mikrospore freigesetzt, sondern durch ein von der Mikrospore ausgehendes neues Gebilde transportiert, das nichts anderes ist als der uns längst bekannte Pollenschlauch!

Der aus der Sporenwand hervorbrechende Pollenschlauch zwängt sich durch die Zellschichten, welche die Megaspore umgeben, und gelangt an die geschilderte Aussparung des weiblichen Vorkeims. Hier entlässt er die inzwischen reif und bewegungsfähig gewordenen Spermazellen, welche direkt in die unter dem Befruchtungstropfen liegende Eizelle einwandern. Bei einem anderen Vertreter urtümlicher Samenpflanzen, dem in unseren Gärten neuerdings häufiger anzutreffenden Ginkgo-Baum, kann man diese einfachste Form nacktsamiger Blütenbildung ganz gut mit bloßem Auge erkennen. Die weiblichen »Blüten« bestehen hier nur aus zwei auf einem kurzen Stiel sitzenden Samenanlagen, an deren oberer Öffnung ein klebriger Bestäubungstropfen austritt. Hiermit werden die vom Wind verbreiteten Mikrosporen »eingefangen« und zur Keimung gebracht. Die restliche Entwicklung verläuft dann genauso, wie am Beispiel der Palmfarne beschrieben.

Den letzten Schritt in der Unabhängigkeit von einem flüssigen Befruchtungsmedium haben dann die Nadelbäume getan. Wenn schon Bildung eines Pollenschlauchs, dann ist nicht einzusehen, warum es trotzdem noch bewegliche männliche Geschlechtszellen geben muss. Entsprechend haben die Nadelbäume damit aufgehört und lassen die Pollenschläuche direkt bis an die Eizellen heranwachsen. Es treten dann keine begeißelten Spermazellen mehr aus, sondern nur noch zwei nackte Spermakerne, die beido vom Plasma der Eizelle aufgenommen werden. Einer der beiden Spermakerne verschmilzt mit dem Eikern, der andere geht zugrunde. Nach einer auffallend komplizierten Embryonalentwicklung, bei der zuerst Mehrlinge gebildet werden, die aber bis auf einen die Nahrungskonkurrenz in der Samenanlage nicht überleben, entsteht eine dauerhafte und hartschalige Verbreitungseinheit, die sich, jedenfalls bei unseren heimischen Fichten- und Tannenarten, als »geflügelter« Samen aus den Zapfen löst und vom Wind verweht werden kann.

Die Aufgabe »Eroberung des trockenen Festlandes« ist damit erfolgreich gelöst, Wasser ist für die Fortpflanzung endgültig entbehrlich geworden. Selbstverständlich verlangt die Keimung der Samen wieder einen feuchten Boden, aber darauf kann der Keimling in der harten Samenschale, wenn es sein muss, jahrelang warten. Wenn es dann so weit ist, hat er als Pflanzenkörper *en miniature* bessere Startbedingungen als ein hinfälliger Vorkeim.

WAS HABEN BLÜTENPFLANZEN AN SICH, DAS SIE SO VIEL ERFOLGREICHER MACHT ALS DIE ANDEREN GRUPPEN DER SAMENPFLANZEN?

Trotz dieser erfolgreichen Lösung des Anpassungsproblems an das Trockene gibt es, wie schon bemerkt, heute nur gut 800 Nacktsamer-Arten gegenüber einer Viertelmillion Blütenpflanzen. Selbst wenn man berücksichtigt, dass die große Zeit der Nacktsamer das Erdmittelalter (vor 250-65 Millionen Jahren) war, bleibt die Tatsache, dass die dann erst richtig einsetzende Blütenpflanzen-Ausbreitung ihre nacktsamigen Konkurrenten weithin zu verdrängen verstand. Was haben Blütenpflanzen an sich, das sie um so vieles erfolgreicher macht als die anderen Gruppen der Samenpflanzen? Noch grundsätzlicher gefragt: Was ist überhaupt eine Blüte? Wie sie zustande kommt, durch gestaltliche Umwandlung von Laubblättern, davon war schon im ersten Kapitel die Rede. Warum aber diese Umwandlung ein besonderer Evolutionsvorteil sein soll, ist noch nicht so ohne Weiteres einsichtig. Freilich, wir wissen nun, dass in der Samenanlage dieser Blüte eine besondere Anpassung an das Landleben steckt, ein innerer Generationswechsel, der pflanzliche Sexualität auf dem Trockenen erlaubt, und wir wissen jetzt auch, wie es dazu im Lauf der Evolution gekommen ist. Aber das alles gibt es bei den Nacktsamern ja auch schon. Wieso konnte da noch einmal ein neuer Zweig aus der Tiefe der Samenfarn-Verwandtschaft aufsteigen und zu einem konkurrierenden zweiten Typ von Samenpflanzen werden, der eigentlich erst zum großen evolutiven Durchbruch werden sollte? Es muss wohl mit der Blüte zusammenhängen, aber um das zu verstehen, brauchen wir mehr als die übliche Schulbuch-Definition: »Spross mit begrenztem Wachstum, dessen Organe im Dienste der generativen Fortpflanzung stehen.« Diese Definition gilt genauso für die Zapfen der Nadelbäume und sogar für die Sporenähren der Bärlappe. Wir aber wollen den Kniff verstehen, der die Blüte der Bedecktsamer solchen Bildungen gegenüber evolutiv so überlegen gemacht hat.

Es liegt wohl an der »Erfindung« des geschlossenen Fruchtblattes, das die Samenanlage vollständig umgibt. Bei den Nadelbäumen liegen die Samenanlagen noch offen auf der Fruchtschuppe, und beim Ginkgo können wir sogar besonders deutlich sehen, wie diese Fruchtschuppe nur einen den Blütenstiel abschließenden Sockel darstellt, auf dem die beiden Samenanlagen frei sitzen. Dieser Bau hängt mit dem kleinblättrigen Charakter dieser Nacktsamer zusammen. Aber auch die großblättrigen Palmfarne tragen ihre Samen offen an den Rändern ihrer Samenblätter. Diese Art von Samenblättern rollt sich nun bei den Blütenpflanzen vollständig ein und verwächst einzeln oder zu mehreren zu einem »Fruchtknoten«. Es gibt hier keinen Schlitz mehr, durch den die Mikrosporen, sprich Pollenkörner, an die Samenanlage selbst gelangen könnten. Für ihre Keimung wird ein neues Organ bereitgestellt, die Narbe, die – verlängert durch einen Griffel oder nicht - den Fruchtknoten nach oben abschließt. Sie nimmt der Funktion nach den Platz ein, der bei der »Ginkgo-Blüte« dem Bestäubungstropfen zukam, nur, dass diese Klebefalle für die Pollenkörner nun nicht mehr von der Samenanlage, sondern von dem sie umgebenden Fruchtblatt gebildet wird.

Ein solcher Fruchtknoten schafft völlig neue blütenbiologische Möglichkeiten. Tierbestäubung, insbesondere durch Insekten, wird nun möglich; denn es ist nun nicht mehr zu befürchten, dass mit dem Anlocken von Blütengästen die kostbaren reproduktiven

Organe in Gefahr geraten. Schauorgane werden dafür erforderlich, aber auch allerlei geruchliche und geschmackliche Inhaltsstoffe zeigen zufälligen Blütenbesuchern, dass es hier etwas für sie zu holen gibt. Die Großblätter der Blütenpflanzen sind für solche Spezialisierungen weit geeigneter als die Nadeln der Nacktsamer. Kunstreiche Mechanismen, um den Blütengästen die Pollenmassen zu applizieren, sind nun gefragt, und es ist erstaunlich, was manche Pflanzenfamilien da alles zuwege bringen. Insbesondere die Orchideen sind hierbei wahre Künstler. Bisweilen machen sie aus ihren Staubbeuteln sogar Schleuderapparate, mit denen sie die Pollenpakete zentimeterweit gezielt auf den Brustpanzer der besuchenden Hummeln schießen. Schließlich bekommt auch der Fruchtknoten selbst eine neue Funktion. Er ist nicht mehr nur der Ort der Samenreife, sondern wird selbst zur Verbreitungseinheit. »Frucht ist der Zustand der Blüte zur Zeit der Samenreife« – die botanische Definition passt diesmal genau. In diesem Zustand kann der Fruchtknoten und können mit ihm weitere Teile der Blüte fleischig und nährstoffreich werden. Das ist eine solide organische Substratgrundlage, sozusagen ein mitgeliefertes Düngerpaket, für die aufgehenden Samen, und zugleich eine Möglichkeit, die Samen auf dem Umweg über den Darm von Vögeln und anderen Beerenfressern an weit entfernte Standorte zu transportieren. Gewiss gibt es Fruchtbildung da und dort auch bei den Nadelbäumen, man denke etwa an den roten – und als einziges Teil ungiftigen – Samenmantel der Eiben. Aber aufs Ganze gesehen kommt diese nützliche Erfindung erst bei den Blütenpflanzen zum Tragen. Man überlege nur einmal, was auf unseren Obstmärkten übrig bliebe, wenn es keine Blütenpflanzen gäbe.

Eine andere Neuerung der Blütenpflanzen wiegt gegenüber diesen blütenbiologischen Vorteilen vermutlich weniger schwer. Sie haben ein neues Nährgewebe des Samens »erfunden«. Während die Nacktsamer einen immer noch wohl entwickelten vielzelligen Vorkeim in ihren Megasporen bilden, der als Nährgewebe für den jungen Embryo brauchbar ist, bleibt der damit gleichwertige Embryosack der Blütenpflanzen weitgehend leer. Nur an seinem oberen Ende sitzt die Eizelle mit ihren beiden Helferzellen, und am unteren Ende finden sich ein paar degenerierende »Antipoden«, mit denen für die Bildung eines Nährgewebes kein Staat mehr zu machen ist. Zum Glück gibt es in der Mitte des Embryosacks noch einige »Zentralzellen«, die miteinander verschmelzen und vom zweiten Spermakern aus dem Pollenschlauch befruchtet werden.

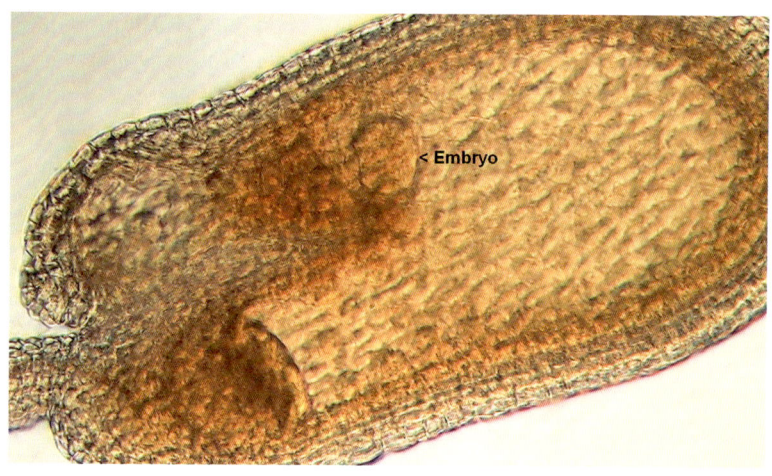
< Embryo

SAMENBILDUNG BEIM HIRTENTÄSCHELKRAUT (IN KALILAUGE GEQUETSCHTES TOTALPRÄPARAT): IM ZENTRUM HELL DER UM 180° IN SICH ZURÜCKGEBOGENE EMBRYOSACK MIT DEM EBEN AUS DER BEFRUCHTETEN EIZELLE KEIMENDEN EMBRYO. ZU DIESEM ZEITPUNKT IST ER NUR EINE KLEINE, AN EINEM STIEL-CHEN SITZENDE ZELLKUGEL. BALD BILDEN SICH DARAUS ZWEI KEIMBLÄTTER, DIE SCHLIESSLICH ENG ANEINANDERLIEGEND DEN GANZEN EMBRYOSACK AUSFÜLLEN. DIE DUNKLEN, UNDEUTLICHEN ZELLPAKETE SIND TEILE DES NÄHRGEWEBES FÜR DEN KEIMLING. (CK)

Wir erinnern uns, dass auch bei den Nadelbäumen zwei Sperma-kerne zur Befruchtung – allerdings in die dort sehr große Eizelle – einwandern, wobei nur einer der beiden Kerne mit dem Eikern verschmilzt, während der andere degeneriert. Ob nun die doppelte Befruchtung bei den Blütenpflanzen damit zusammenhängt oder daran erinnert, dass ein Vorkeim einst mehrere befruchtungsfä-hige weibliche Geschlechtszellen besaß – Tatsache ist, dass aus dieser zweiten Befruchtung das Nährgewebe des Blütenpflan-zen-Samens entsteht. Allerdings gibt es auch viele Fälle, bei denen dieses Nährgewebe anders angelegt wird, etwa in den Keimblät-tern des Embryos (z.B. bei der Bohne) oder in Teilen der Wand der Samenanlage (so beim Pfefferkorn).

DIE SCHNELLIGKEIT DER SAMENREIFE Das sekundäre Nährgewebe des Blütenpflanzen-Samens schlägt als Evolutionsvorteil also nicht sonderlich zu Buche – umso größer ist die Bedeutung einer anderen Besonderheit, der Schnelligkeit der Samenreife. Während es bei Nadelbäumen häufig zwei Jahre und länger dauert, bis aus der Befruchtung ein verbreitungsfähiger Keimling geworden ist, geht das bei den Bedecktsamern weitaus schneller. (Der Weltmeister ist hier wohl der in der Entwicklungsgenetik viel benutzte Kreuzblütler *Arabidopsis thaliana*, der es, zumindest unter Laborbedingungen, auf eine Vegetationsperiode von nur sechs Wochen bringt.) Nacktsamer mit ihrer langsamen Embryonalentwicklung brauchen einen robusten Vegetationskörper, mit dem sie klimabedingte Wachstumspausen als Ruheperioden überdauern – kein Wunder, gibt es nur Nadel-*Bäume*. Die viel schnellere Embryonalentwicklung der Blütenpflanzen macht es möglich, den Vegetationskörper kurzlebig zu machen und ihn dadurch an eine Vielzahl neuer Lebensräume anzupassen. Wenngleich der tropische Regenwald mit einer gewaltigen Fülle an Bedecktsamer-Bäumen aufwartet, so besteht die große Mehrheit der Blütenpflanzen doch aus Kräutern. Sie sind in der Lage, auch noch die extremsten Lebensräume zu besiedeln – denken wir etwa an den Gletscher-Hahnenfuß, der in den Schweizer Zentralalpen bis hinauf auf 4200 m vorkommt, eine Höhe, in die ihm kein Nadelgewächs mehr folgt. Der kleine Wuchs und eine kurze Vegetationsperiode machen es möglich.

Blumenbildung, Frucht und Geschwindigkeit der Samenbildung – das sind wohl die hauptsächlichen Erfolgsrezepte, die eine so weite Verbreitung der Blütenpflanzen möglich gemacht haben. Es ist so eine ganze Menge an evolutionärem Know-how, die in einem so unbedeutenden Vertreter wie der Traubenhyazinthe die Geschichte der Eroberung des Festlandes durch die Pflanzen vergegenwärtigt. Jede andere Blütenpflanzen-Art wäre natürlich für diese Nacherzählung genauso geeignet gewesen. Es ist allerdings nicht die einzig mögliche Erfolgsgeschichte. Wie erwähnt, haben es auch die Farne als erdgeschichtlich junge Gruppe geschafft, sich auf dem Trockenen durchzusetzen. Auch wenn sie – mehrheitlich – dem äußeren Generationswechsel treu geblieben sind, ist es ihnen gelungen, sich in viele Lebensräume hinein auszubreiten, wobei sie, wie die Blütenpflanzen, krautiges Wachstum bevorzugen. Sogar epiphytische Farne gibt es, die als »Aufsitzer« nicht nur auf nassen Rinden wachsen, wie die Moose, sondern in der trockenen Gipfelregion tropischer Bäume mithilfe ihrer eigenen Blätter wurzeln, die sie zur Umklammerung der Äste teilweise zu »Nischenblättern« umgestaltet haben (z.B. Hirschgeweihfarne). Auf der anderen Seite stehen Farne – es sind ausgerechnet solche, die im Wasser leben –, die eine ähnliche Reduktion und Verlagerung der Geschlechtsgeneration in die Sporen hinein durchlaufen haben wie die Bärlappgewächse. Offenbar hat hier der Schutz hinfälliger Vorkeime vor der zerstörerischen Wirkung des Wassers einen ähnlichen Selektionsdruck erzeugt wie die Gefahr des Austrocknens. Die große Mehrheit der modernen Farne aber ist bei dem äußeren Vorkeim geblieben, den wir am Beispiel Wurmfarn beschrieben haben, und ist auch sekundär wieder zur Erzeugung von nur einer Sporensorte zurückgekehrt. Große Sporenmengen und dichtes Zusammenliegen der kleinen Vorkeime kompensieren hier die Nachteile des wasserabhängigen Befruchtungsakts und erlauben auch so eine erfolgreiche Ausbreitung auf dem Trockenen.

DIE BESIEDLUNGSGESCHICHTE DES **FESTLANDES** DURCH DIE **PFLANZEN-WELT** IST NICHT DIE GESCHICHTE EINER KONTINUIERLICHEN HÖHERENTWICKLUNG.

Die Besiedlungsgeschichte des Festlandes durch die Pflanzenwelt ist nicht die Geschichte einer kontinuierlichen Höherentwicklung. Wohl lassen sich Stufen eines Fortschritts in der Organisation unterscheiden, und wir sind ihnen nachgegangen:

- der Schutz der Geschlechtszellen auf dem Vegetationskörper gewisser Algen,
- die daraus möglich gewordene Vorkeimbildung,
- die Förderung der Sporen-Generation durch Ausbildung von festigendem Leitgewebe in den Sprossen,
- die Verlagerung der Vorkeime in die Sporen,
- die Samenbildung,
- die Entwicklung eines geschlossenen Fruchtblattes und der Blüte.

Stufe um Stufe eine bessere Verwirklichung der Lebensmöglichkeit auf dem Trockenen. Aber das Vermögen, auf dem Trockenen zu leben, gibt es nicht erst am Ende dieser Entwicklung. Es wird vielmehr von den Algen auf jedem Organisationsniveau ausprobiert. So sind die Moose zwar ein erster Erfolg in der großflächigen Besiedelung des Festlandes; dennoch tun sie sich schwer, länger dauernde Trockenzeiten zu überstehen. Also setzt »man« auf die Förderung der ungeschlechtlichen Generation und stellt fest, dass sich mit entsprechender mechanischer Festigkeit der Sprosse rasch gewaltige Wälder aufbauen lassen. Geht allerdings die dafür förderliche klimatische Wärme zurück, verfällt man wieder ins krautige Wachstum. Diese Strategie wird aber erst dann richtig erfolgreich, wenn mit der Samenbildung auch kleine Pflanzen die Chance haben, ungünstige Witterungsperioden, d.h. vor allem Trockenzeiten, in einem einerseits dauerhaften, andererseits schnell auskeimenden Ruhestadium zu überstehen.

Mit jeder dieser »Erfindungen« startet eine neue Erprobungswelle, in der ausgetestet wird, wie weit sich mit dem erreichten Organisationsniveau das Ziel einer möglichst umfassenden Ausbreitung auf dem Festland verfolgen lässt. Dieses Ziel ist nicht vorgegeben, geschweige denn bewusst, sondern ergibt sich einfach und notwendig aus der jedem Lebewesen innewohnenden Fähigkeit zur Vermehrung. Eingedämmt wird dieser Ausbreitungsdrang durch Erschöpfung der Ressourcen, d.h. hier der besiedelbaren Lebensräume, durch aufkommende Widrigkeiten in den äußeren Lebensbedingungen, an die eine bestehende Organisationsform keine Anpassung erlaubt, und, *last but not least*, die Konkurrenz durch neue, mit der herrschenden Situation besser fertig werdenden Organisationstypen. Zu jedem Zeitpunkt stellt sich aus all dem ein Gleichgewicht in der Florenzusammensetzung ein, das sich in entsprechenden Artenzahlen ausdrückt. Die früheren »Versuchsserien« der Landnahme werden also nicht vollständig ausgelöscht, sondern nur mehr oder weniger stark von erfolgreicheren Konkurrenten eingeschränkt. Gewiss gibt es auch ausgestorbene Linien, Gruppen in der pflanzlichen Systematik, die nur fossil überliefert sind und so zu den Verlierern in der stammesgeschichtlichen Konkurrenz gehören. Aber das ist nicht die Regel. Höherentwicklung ersetzt nicht einfach die früher etablierten stammesgeschichtlichen Linien, sondern sie ergänzt sie, und der Umfang der allmählichen Verdrängung hängt ab vom Anpassungspotenzial in der jeweiligen ökologischen Situation. Von den hier besprochenen Großgruppen ist eigentlich nur eine ausgestorben, die Gruppe der devonischen Nacktfarne – wenn man sie nicht zur Großgruppe der Bärlappgewächse rechnen will. Dann wäre auch sie nicht ausgestorben, sondern in weiter entwickelten Formen aufgegangen, genauso wie die ebenfalls »ausgestorbenen« Samenfarne auch als Vorläufer verschiedener Linien von Samenpflanzen angesehen werden können.

AUSSTERBEN ODER AUFGEHEN? Es ist schon so: Zufall und Notwendigkeit sind die beiden großen Faktoren, die den Verlauf der Stammesgeschichte bestimmen. Jacques Monod hat sie mit Recht im Titel seines berühmten Buches verewigt. Aber es ist nicht einfach der Zufall der blind in der DNA erfolgenden Mutationen, und es ist nicht einfach die Notwendigkeit der Anpassung an den Selektionsdruck der Umwelt, die diese Geschichte schreiben. Es ist vielmehr die lebendige Entität, der Organismus, der, ob groß oder klein, mit seiner Gestaltungskraft einem allzu billigen Rundum-Materialismus einen Riegel vorschiebt. Vergessen wir nicht: Es war bisher immer diese Gestaltungskraft, die bemüht wurde, um eine neue »Erfindung« in den Test der Umwelttauglichkeit und damit auf den Weg der evolutiven Höherentwicklung zu schicken.

Wir mögen Gene identifizieren, welche die Umbildung von Blättern zu Blütenorganen steuern. Es ist aber die Gestaltungskraft des Organismus Traubenhyazinthe, die damit die blauen Blütenglocken erstellt. Und dasselbe gilt für alle anderen »Bildungen«, die wir als Fortschritt auf dem Weg des Landlebens der Pflanzen besprochen haben. Dabei soll diese Gestaltungskraft nicht als irgendetwas Mysteriöses im Sinne des Vitalismus längst vergangener Tage verstanden werden. Sie dient nur zur Kennzeichnung einer ganzheitlichen Reaktion des Organismus in diesem Zusammenspiel von Zufall und Notwendigkeit. Grundlage dieses organismischen Agierens ist die lebendige Zelle, deren Einheit nach heutigem Verständnis nicht in noch elementarere »Lebensträger« (wohl aber Bestandteile!) reduzierbar ist. Ihrem Verständnis müssen wir uns nun zuwenden.

ES IST DER LEBENDIGE ORGANISMUS, OB GROSS ODER KLEIN, DER MIT SEINER GESTALTUNGS-KRAFT DIE EVOLUTIVE HÖHERENTWICKLUNG STEUERT.

FLASCHENKORK UND SCHWÄRMERZELLEN – DAS BAUPRINZIP ZELLE

Die Landpflanzen sind aus Algen hervorgegangen, das wissen wir nun. Oder besser gesagt: Eine bestimmte Gruppe von Grünalgen, nach heutiger Ansicht die Armleuchteralgen oder *Charophyta*, war der Flaschenhals, durch den die vermutlich zahlreichen Versuche verschiedenster Algengruppen, auf dem Trockenen Fuß zu fassen, zum Erfolg führten. Wir wissen auch, dass wir uns innerhalb der Algen umschauen müssen, um die Voraussetzungen zu verstehen, unter denen die pflanzliche Eroberung des Festlandes stand:

- die Besonderheiten der geschlechtlichen Fortpflanzung,
- der Befruchtung durch frei schwimmende Geschlechtszellen,
- des Generationswechsels.

Nun ist das Reich der Algen noch vielfältiger und unübersichtlicher als alle Gruppierungen der Farn- und Samenpflanzen zusammengenommen. Lange Zeit gab es kein befriedigendes System der natürlichen Verwandtschaft der Algen. Es war vielmehr üblich, alle Algen in ein zweidimensionales künstliches Schema einzuordnen, das in der einen Richtung nach der Organisationshöhe aufteilt (bewegliche und unbewegliche Einzeller, Zellfäden, Gewebebildung), und nach der anderen Richtung in die für die Photosynthese verwendeten Farbstoffe, also insbesondere die verschiedenen Typen von Chlorophyll, sowie die dazugehörigen Hilfspigmente, wie das Carotin und einige andere. Von dieser Farbstoff-Zusammensetzung her ergeben sich dann die bekannten Großgruppen der Grün-, Gelbgrün-, Gold-, Braun- und Rotalgen, die alle dieselben Organisationsstufen aufweisen können. Daraus resultiert das für Laien schwer verständliche Bild, dass äußerlich sehr ähnliche Formen, wie etwa die »Geißelalgen« oder »Geißeltierchen«, systematisch in ganz verschiedene Gruppen auseinandergerissen werden. Inzwischen ist dieses Problem etwas entschärft, weil sich durch molekulargenetische Vergleiche sicherere verwandtschaftliche Beziehungen zwischen verschiedenen Einzeller-Gruppen und den dazugehörigen höher organisierten Formen herstellen lassen. Das macht das systematische Bild insgesamt aber nicht einfacher. Wir nehmen darum von vornherein Abstand von dem Versuch, ein Gesamtbild der Algen-Evolution zu entwerfen, und wäre es ein auch noch so kursorisches. Wir halten uns einfach an den offensichtlichen Befund, dass die Landpflanzen-Entwicklung von den Grünalgen ihren Ausgang genommen hat. Dafür gibt es seit Langem sehr gute Gründe, die sich auf Gemeinsamkeiten in den Photosynthese-Pigmenten, der Zellwandbildung aus Zellulose, der Begeißelungsform und der verwendeten Reservestoffe stützen – alles Merkmale, die genauso gut so oder auch anders sein könnten. So greift hier einmal mehr das alte, von Linné her bekannte Prinzip, dass solche konservierten Merkmale als Zeichen verwandtschaftlicher Zusammengehörigkeit zu bevorzugen sind. Da die Stufenleiter der Organisation auch innerhalb der Grünalgen anzutreffen ist, reicht die Beschäftigung mit dieser Algengruppe für unsere Zwecke aus.

AUGENTIERCHEN – URBILD DES LEBENS Es ist ein tief sitzendes Bild aus meiner Schulzeit: In einer Stunde hat unser damaliger Biologielehrer, ein ziemlich unzugänglicher und uns häufig überfordernder Herr, dem ich trotzdem zum großen Teil meine Begeisterung für die Biologie verdanke, das »Urbild des Lebens« an die Tafel gemalt – das Geißeltierchen *Euglena viridis*, zu Deutsch: das »grüne Schönauge«. Ich war mit dieser Deutung damals nicht so recht einverstanden, weil mir als leidenschaftlichem Mikroskopiker das »Schleimtierchen« *Amoeba proteus* noch ursprünglicher erschien. Aber Recht hatte er, in gewisser Weise wenigstens, wie ich später in der Zoologie lernen sollte: Die »Geißeltiere« stehen tatsächlich an der Basis der Evolution aller höheren Lebewesen. Mit seinen grünen Chloroplasten, das sind die chlorophyllhaltigen Körperchen im Zellinnern, und der gleichzeitigen Beweglichkeit durch die Geißel wurde das Augentierchen klassisch als Ausgangspunkt der Evolution verstanden, wo die Organismen noch nicht nach Tier und Pflanze geschieden waren. Unserem heutigen Kenntnisstand besser entsprechend könnte man sagen, *Euglena* vermittelt uns eine Vorstellung davon, wie es aussieht, wenn Geißeltierchen sich anschicken, zu Pflanzen zu werden. Denn auch wenn es unserem klassischen Stufendenken (von der Pflanze über das Tier zum Menschen) widerspricht – die tierische Ernährungsweise war vor der pflanzlichen da, wie wir im nächsten Kapitel noch sehen werden. *Euglena* kann beides: mit dem Geißelmotor zur Wasseroberfläche schwimmen und das Sonnenlicht zum Aufbau körpereigener Stoffe aus Wasser und Kohlendioxid ausnützen, oder, falls keine Sonne scheint, mit demselben Motor hinter anderen Einzellern herjagen und diese sich einverleiben.

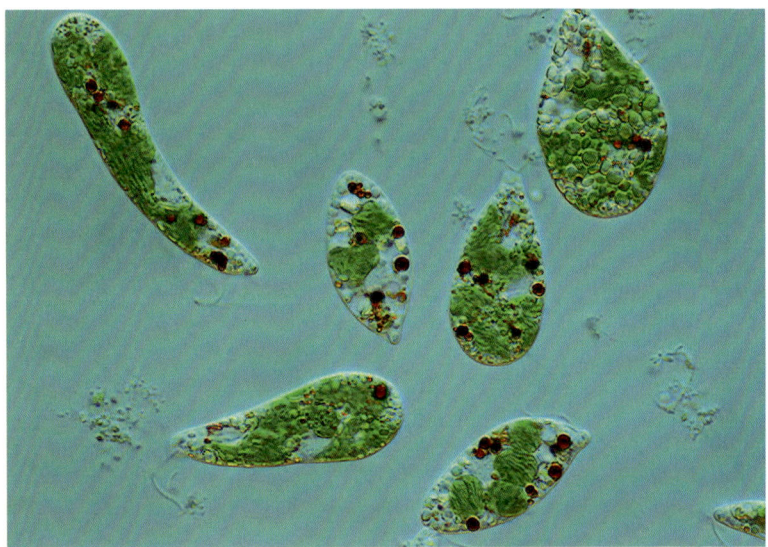

So gern ich auch meinen Biologielehrer kritisiert hätte – Geißeltierchen sind nun einmal ursprünglicher als Amöben. Obwohl deren Fortbewegungsweise durch »Scheinfüßchen«, fortwährend sich verändernde Ausstülpungen des keine feste Form besitzenden Zellleibs, primitiver erscheint als der molekulare Hightech-Motor des Geißelantriebs, setzen sie die Geißeltier-Organisation doch schon voraus, wie sich bei der Fortpflanzung zeigt: Da verwandeln sich die Amöben selbst in begeißelte Wesen und zeigen, dass die Anleitung zum Geißelbau ein längst ererbter Besitz für sie ist. Sie haben ihre Bewegungsweise, aus welchen Gründen auch immer, erst nachträglich vereinfacht. So lästig es für Evolutionsbiologen sein mag – der Geißelantrieb gehört zur zellulären Grund-Aussteuer, selbst Bakterien haben schon einen solchen. Und die Molekularbiologen beißen sich einigermaßen die Zähne daran aus, seine evolutive Entstehung zu erklären. Hier haben die kreationistischen Gegner der Evolutionstheorie ein leichtes Spiel, einen Schöpfergott (oder was sie dafür halten) als »intelligenten Designer« einzuführen, der hergestellt haben muss, was die Evolution anscheinend nicht zu leisten vermag, und sie tun das an dieser Stelle auch ausgiebig. Aber sachte, gemach! Lassen wir uns hier nicht voreilig auf ein weltanschauliches Hickhack ein, sondern fahren wir ruhig fort, unser evolutionäres Gesamtgemälde zu erstellen. Dann können wir am Ende immer noch schauen, wie viele Ecken und Kanten des Unverstandenen tatsächlich übrig geblieben sind.

Genau betrachtet ist der Geißelantrieb für eine Photosynthese betreibende Zelle unnötig. Licht gibt es überall, und um es auszunützen, genügt es, nicht zu tief unter der Wasseroberfläche zu schwimmen. Das tut aber unsere *Euglena* ohnehin nicht. Was liegt da näher, als die Zellen ohne Eigenbewegung im Wasser zu lassen? Genau dies haben viele einzellige Algen auch gemacht. Der einfachste Fall, der Prototyp sozusagen und ein Paradeobjekt der biochemischen Labors, ist die einzellige Süßwasseralge *Chlorella vulgaris*. Sie hat keine Geißel mehr, und auch die Beweglichkeit durch Veränderung der Zellgestalt hat sie aufgegeben. Sie ist einfach eine kleine, starre Zellkugel mit Chlorophyll im Innern für die Photosynthese und einer massiven Außenwand aus Zellulose um die Zelle herum. Damit ist sie so etwas wie der Prototyp einer Pflanze: selbstständig in der Ernährung (»Autotrophie«) und fehlende Fortbewegung.

Die starre Zellulosewand ist eine Erfindung mit weitreichender Wirkung. Der englische Ingenieur Robert Hooke (1635–1703) war es, der dafür den Namen »Zelle« einführte, als er 1667 sein selbst gebasteltes Mikroskop auf ein dünnes Scheibchen Flaschenkork richtete und feststellte, dass dieser aus lauter kleinen Kämmerchen, *cellulae*, aufgebaut sei. Wir wissen es heute besser: Es ist nicht der Hohlraum, sondern der ganze Inhalt des Kämmerchens, was die Zelle zur Zelle macht. Dieser lebendige Zellinhalt war Hooke nicht unbekannt. Er kannte ihn vom Gewimmel in seinen Heuaufgüssen, von den einzelligen Tierchen, die darin entstehen, wie etwa unser vorgenanntes Geißeltierchen, die man darum Aufgusstierchen,»Infusorien«, nannte. Aber auf die Idee, dass diese mikroskopischen Lebewesen irgendetwas mit den *cellulae* des Korks zu tun haben könnten, ist er nicht gekommen.

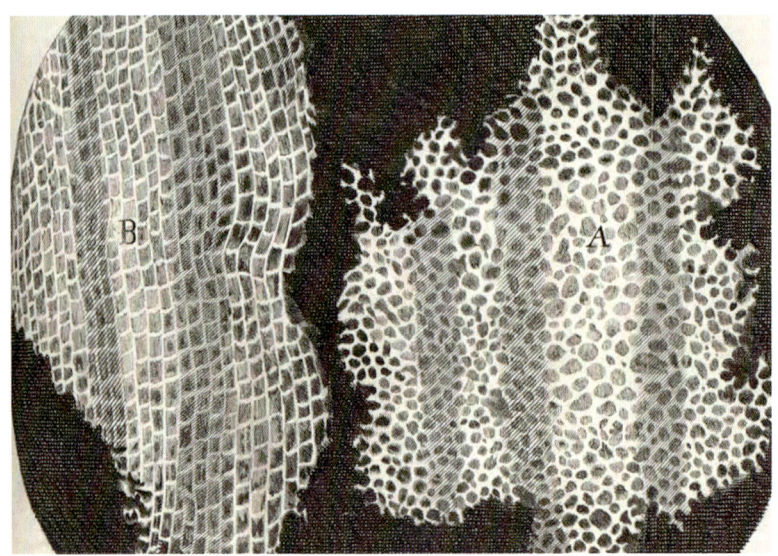

DAS ORIGINALBILD IST IN HOOKES *MICROGRAPHIA* (LONDON 1665) PUBLI-
ZIERT. HOOKE BESCHREIBT DARIN SEINE VORGEHENSWEISE. MIT EINEM
»RASIERMESSERSCHARFEN« MESSER HAT ER DIE OBERFLÄCHE EINES KORKENS
GEGLÄTTET UND ZUR BESSEREN SICHTBARKEIT EIN SCHEIBCHEN DAVON AUF
SCHWARZEM PAPIER UNTER SEIN AUFLICHT-MIKROSKOP GELEGT. DIE RECHTS
DARGESTELLTEN »POREN« WERFEN DIE FRAGE AUF, OB ES SICH UM DURCH-
GÄNGIGE RÖHREN HANDELT. DER LÄNGSSCHNITT LINKS KLÄRT, DASS DIE
RÖHREN DURCH »DIAPHRAGMEN« GETEILT SIND UND DER KORK SOLCHERART
AUS KÄMMERCHEN ODER *CELLULAE* BESTEHT. EIN GRUNDBEGRIFF DER
BIOLOGIE WAR GEBOREN. (© ROBERT HOOKE, MICROGRAPHIA SCHEM. 11,
FIG.1, OBSERV. XVIII. THE PROJECT GUTENBERG EBOOK OF MICROGRAPHIA,
BY ROBERT HOOKE)

Viel eher war dieses mikroskopische Gewimmel, das sich nach einigen Tagen im fauligen Wasser eines Heuaufgusses einstellt, ein Beleg für die Theorie der Urzeugung, der damals herrschenden Auffassung, dass Leben spontan aus unbelebtem Material entstehen könne. Bis zu der Erkenntnis, dass in diesen einzelligen Aufgusstierchen das Grundelement lebendiger Organisation zu sehen ist, das die Hooke'schen Kämmerchen erst zur lebendigen Zelle macht, war es noch ein weiter Weg. Erst mit der 1838/39 von Matthias Schleiden und Theodor Schwann entwickelten »Zellentheorie« setzte sich die Auffassung durch, dass die Zelle der gemeinsame Baustein alles Lebendigen ist.

Damit war ein neues Kapitel in der Theorie des Organismus aufgeschlagen und unsere heutige Sicht von der Einheit alles Lebendigen begründet: Lebendige Organisation ist grundsätzlich zellulär, sei es aus einer einzigen oder vielen Zellen, und das gilt für Tiere und Pflanzen gleichermaßen. Im Einzelnen gibt es zwar gewisse Unterschiede, wie wir etwa am Beispiel der pflanzlichen Chloroplasten gesehen haben, und, natürlich, in der Art der äußeren Zellbegrenzung. Diese ist bei den Pflanzen eben wandartig dick und starr, bei den Tieren dagegen nur eine dünne und elastische Haut. Dieser Unterschied ist gegenüber der grundsätzlichen Gleichheit im Bau der Zelle zunächst einmal sekundär; für die Formgebung des Tier- bzw. Pflanzenkörpers kommt ihm jedoch eine entscheidende Bedeutung zu.

Hooke hat mit seinem Blick auf die Wände der Korkzellen also doch etwas Wesentliches erfasst. Es ist tatsächlich diese Zellwand, die bei den Pflanzen zum entscheidenden Gestaltungselement des Körperaufbaus wird. Jede Zelle, gleich ob tierisch oder pflanzlich, ist zunächst einmal eine hydraulische Konstruktion: ein Gebilde, das seine Form und Stabilität durch den Druck der inneren Zellflüssigkeit auf die begrenzende Außenhaut erhält. In der Plastizität dieses Verhältnisses von äußerer Versteifung und Binnendruck besteht das Geheimnis organismischer Formbildung. Veränderlichkeit und Bewegung ist dabei der eine maßgebliche Faktor, Stabilität und Formkonstanz der andere. In der Frage, worauf die Priorität gelegt werden soll, unterscheiden sich Tiere und Pflanzen: Tiere setzen auf einen beweglichen Körper, um sich den Gegebenheiten der Umwelt anzupassen bzw. ihnen auszuweichen; Pflanzen eher auf stabilen Widerstand gegen störende Einflüsse. Dass dabei das zelluläre Bauprinzip nicht aufgegeben wurde, liegt an einer biomechanischen Beschränkung der hydraulischen Konstruktion. Die flüssigkeitsgefüllte Blase darf nicht zu groß werden, soll die elastische Hülle ihre Kontrolle über den Binnendruck nicht verlieren. Darum ist es besser, die Gesamtkonstruktion aus mehreren kleinen Grundeinheiten aufzubauen, statt alles in eine uniforme hydraulische Wurst zu packen. Einer gekammerten Gummi-Matratze geht die Luft nicht so leicht aus wie einem großen Ballon. Tiere geben aber, wie gesagt, der Beweglichkeit den Vorzug gegenüber der Stabilität. Sie sind, um im Bild zu bleiben, lieber Ballon als Luftmatratze, weil ein Ballon sich leichter verformen lässt – denken wir nur an jene Spaßmacher, die auf Kindergeburtstagen oder Jahrmärkten aus Luftballons im Handumdrehen alle möglichen Tiergestalten hervorzaubern. Entsprechend geht die tierische Entwicklung, wenn wir sie im Ausgang von der sich teilenden Eizelle betrachten, den Weg über eine zunehmende innere Gliederung eines vorgegebenen Ganzen, während pflanzliches Wachstum von Anfang an in der Addition, dem äußeren Aneinanderfügen der einzelnen Zellbestandteile, besteht. Selbstverständlich gibt es auch in der tierischen Entwicklung mit der Zeit eine Größenzunahme durch Zellvermehrung, aber es ist nach wie vor die Gesamtform, welche die inneren Wachstums- und Differenzierungsvorgänge in sich einordnet und im biomechanischen Verbund hält. Mag der tierische Körper auch aus noch so vielen Zelltypen und Organen bestehen – seine ihm eigene Beweglichkeit erhält und behält er durch die Einbindung aller kontraktilen und stützenden Zellelemente in die Einheit seines Rumpfes.

Dieses Prinzip gilt vom amöboiden Einzeller über den Wurm bis zum Fisch. Erst mit der Skelettbildung erfolgt hier eine Änderung: Durch die Entwicklung von Gliedmaßen wird das bisherige Bewegungsprinzip des Schlängelns bzw. Kriechens auf eine neue Basis gestellt. Der Ausdruck »Extremitäten« für solche Gliedmaße ist dafür bezeichnend. Er deutet an, dass hier zur hydraulischen Körpereinheit und Bewegungsrichtung eine zweite Achse, von innen (körpernah) nach außen (körperfern) hinzugekommen ist. Sie stellt zwar für die Beweglichkeit einen funktionalen Vorteil dar, im Hinblick auf die hydraulische Einheit der Körpergrundgestalt ist sie aber sekundär. Der Verlust einer Extremität ist viel leichter zu verschmerzen oder zu regenerieren als eine Zertrennung des zentralen Körpers.

Von einer solchen geschlossenen Körpergrundgestalt unterscheidet sich die »offene Gestaltbildung« der Pflanzen grundsätzlich. Das wird am besten an der Art deutlich, wie Schüler einen Stängel- oder Blattquerschnitt zeichnen, den sie zum ersten Mal unter dem Mikroskop gesehen haben. Sie malen die Zellen schön Stück für Stück wie Backsteine aneinander und haben damit, allen kritischen Bemerkungen des Lehrers zum Trotz, dass Zellen keine Pflastersteine seien, auch etwas Richtiges erfasst. Der pflanzliche Körper wächst nicht von innen heraus, sondern durch äußere Addition, wofür Zellen mit einer festen Außenwand geradezu prädestiniert sind. Wenn sich ein solches Zellkästchen teilt und anschließend beide Tochterzellen zur ursprünglichen Größe auswachsen, hat sich der Gesamtkörper verlängert. Ändert sich die Teilungsrichtung, wächst er unschwer zur Fläche oder sogar zum dreidimensionalen Block aus. Das Ganze gleicht tatsächlich mehr einem Mauerwerk aus Hohlblocksteinen als einem geschlossenen Organismus. Auch die zelluläre Differenzierung, der Wechsel der verwendeten Bausteinform sozusagen, bleibt verglichen mit der Vielgestaltigkeit tierischer Zelltypen eher bescheiden.

Im Unterschied zum sich nach innen gliedernden tierischen Keim wächst also der Pflanzenkörper als offene Gestalt, die es schwer macht anzugeben, was zu seiner Identität gehört und was nicht. Ein Algenfaden mag entzweigerissen werden, oder einzelne Zellen mögen absterben – er geht dadurch nicht zugrunde, sondern wächst in den verbliebenen Teilen weiter wie bisher. Bei höheren Pflanzen ist dies nicht viel anders. Denken wir an die Selbstverständlichkeit, mit der ein Gärtner seine Stecklinge schneidet oder, in heutiger Technik, Unmengen identischer Pflanzen durch »Meristemkultur« aus einzelnen Körperzellen gewinnt. Solches Klonen, beim Schaf Dolly als Sensation gefeiert, ist im Erwerbsgartenbau seit Jahrzehnten gang und gäbe. Und es bedarf gar nicht erst des Umwegs über eine entkernte Eizelle, in die beim tierischen Klonen der Kern einer Körperzelle eingeführt werden muss, um seine »Reprogrammierung« in den embryonalen Ausgangszustand zu erreichen, sondern es geht direkt auf dem Weg des Auswachsens einer einzigen vegetativen Körperzelle. Von einem solchen Fernziel wagen die Klontechniker bei Tieren noch nicht einmal zu träumen. Gewiss gibt es auch im Tierreich Fälle unerhörter Regenerationsfähigkeit, etwa beim Süßwasserpolypen oder manchen Strudelwürmern, die man buchstäblich in einzelne Zellen zerstückeln kann, um daraus wieder ganze Organismen zu gewinnen. Aber schon die Zerteilbarkeit des Regenwurms gehört ins Reich der Legendenbildung (lediglich das Kopfstück bleibt am Leben), und das sprichwörtliche Regenerationsvermögen von Salamandern und Molchen beschränkt sich, erstaunlich genug, auf die Bildung eines neuen Auges oder Beines. Anders gesagt: Der Gärtner kann mit seiner Heckenschere die kunstvollsten Gebilde aus einem Buchsbaum schneiden – das erregt nur unsere Bewunderung, während uns das Kupieren von Hundeohren und Pferdeschwänzen empört.

Nicht, dass wegen des Baukastenprinzips der pflanzlichen Konstruktion die Hydraulik keine Rolle mehr spielte. Auch die pflanzlichen Zellen sind und bleiben hydraulische Gebilde, wie man an Traubenhyazinthen in der Vase leicht feststellen kann. Füllt man nicht rechtzeitig Wasser nach, verwelkt die ganze Pracht: Der »Turgor«, d.h. die durch den osmotischen Druck des Zellsafts und den Widerstand der Zellwand erzeugte Spannung, lässt nach, und die Form geht dahin. Aber es ist der Druck in den einzelnen Zellkästchen, der dabei den Ausschlag gibt, und hier müssen wir uns an den Vergleich mit der gekammerten Luftmatratze erinnern. Das Kammerprinzip macht sie stabiler gegen Formveränderungen als den Luftballon. Wenn die Kammern nur klein genug sind, und das ist bei den Zellen zweifellos der Fall, erlaubt das eine ganze Menge an Modifikationen. Nicht nur, dass der Druckausfall einzelner Kämmerchen sich gestaltlich nicht gleich auswirken muss. Solche toten, hydraulisch nicht wirksamen Bereiche lassen sich auch mit allerhand Ersatzstoffen füllen, deren Stützfunktion die Form auch dann noch aufrechterhält, wenn der osmotische Druck im Zellinnern nicht mehr seinen optimalen Wert behält. Man stelle sich nur eine Luftmatratze vor, bei der einzelne Rippen nicht einfach nur mit Luft gefüllt sind, sondern durch Styropor verstärkt oder gar ersetzt werden. Das mag zwar sperrig zum Verpacken sein, aber zur Not hielte man damit sogar eine Nacht auf einem Nagelbett aus. Entsprechend halten Barbarazweige, unserer

Vergesslichkeit zum Trotz, auch ohne Wasser eine ganze Weile in der Vase, und die Silberdistel muss deshalb unter Naturschutz gestellt werden, weil sie trocken fast genauso anziehend wirkt wie in frischem Zustand.

Vom Laub einmal abgesehen, ist die Form unserer Bäume vor allem vom Holz bestimmt, d.h. von abgestorbenen, aber der Form nach weiter bestehenden Zellen. Nur eine ganz dünne Schicht innerhalb des Baumstammes ist lebendig, die grüne Rinde, alles andere ist totes Material – auch die nach außen abschließende Borke, die vom Waldspaziergänger fälschlich als »Rinde« bezeichnet wird. Der von Hooke untersuchte Kork ist nicht das schlechteste Beispiel dafür, was durch Ein- und Auflagerungen alles aus Zellen gemacht werden kann. Die Grundsubstanz ist hier das Suberin, ein wachsartiger Stoff, mit dem fast alle Zellen pflanzlicher Abschlussgewebe als Verdunstungsschutz beschichtet sind. Genau diese Eigenschaft ist es ja, die beim »Verkorken« von Flüssigkeiten ausgenützt wird. Dass dies möglich ist, beruht auf der Eigenheit der Korkeichenrinde, diesen Stoff in so großen Mengen abzusondern, dass ihre Borke praktisch aus nichts anderem mehr besteht.

Dies ist nur ein Beispiel von vielen für die Vielgestaltigkeit und Ausbaufähigkeit der pflanzlichen Zellwand. Sie ist die Voraussetzung dafür, dass die Pflanzen ihren Siegeszug auf dem Festland antreten und sich dort mächtig in den Raum und zum Licht hin erheben konnten. Lang vor aller ökologischen Notwendigkeit ist dieser Evolutionstrend durch die »Entscheidung« für die Zellulose-Zellwand eingeleitet worden. In der Gezeitenzone, einer Region mit bekanntermaßen besonders vielen ökologischen Nischen und darum besonders artenreich, ist die Eigenschaft der festen Kammerung dann erstmals nützlich geworden, um periodische Zeiten von Trockenheit zu überdauern. Der Kampf um die Ressourcen, der Drang nach Raum und Licht, hat diesen Selektionsdruck schnell mächtig werden lassen zu immer weiteren Vorstößen in immer trockenere Bereiche. So ist es in gewisser Weise das Meer selbst, das die hydraulische Pflanzenkonstruktion für das Landleben vorbereitet, indem es zunächst die Entstehung immer größerer Vegetationskörper bei den Algen als tragendes Medium unterstützt, gleichzeitig aber durch den Wechsel von Ebbe und Flut ihr

»Stehen auf eigenen Beinen«, will sagen: die Ausbildung von Festigungselementen, provoziert.

DAS **MEER** SELBST HAT DIE **PFLANZEN** FÜR DAS LANDLEBEN VORBEREITET: DURCH DEN **WECHSEL** VON **EBBE** UND **FLUT** HAT SIE DIE **AUSBILDUNG** VON FESTIGUNGSELEMENTEN PROVOZIERT.

UND DIE TIERE? Nach so vielen Vorteilen der pflanzlichen Konstruktion für ein Leben auf dem Festland drängt sich die Frage auf, wie die Tiere mit ihrer so viel anfälligeren hydraulischen Gestalt auf dem Trockenen zurechtkommen. Zunächst natürlich durch ihre Beweglichkeit. Sie weichen dem Trockenfallen einfach rechtzeitig aus. Dann durch eine ähnliche Strategie wie die Pflanzen: Sie können sich zwar keine feste Zellwand zulegen, aber sie umgeben ihre Außenhaut oder Teile davon mit einem festen Gehäuse. Man muss nur ein wenig im Schlick des Wattenmeers graben, um zu sehen, wie viele Schalen- oder Gehäuseträger, Muscheln, Schnecken und Würmer hier das Abfallen des Wasserspiegels überstehen. Oder, um auch die Krebse einzubeziehen, denken wir an die unzähligen Seepocken, welche auf den Gesteinsbrocken der Strände wie hingesät festsitzen und stundenweise von der Sonne geradezu geröstet werden. Die wenigsten vermuten hinter den dicht schließenden, weißen Kalkgehäusen mit ihren lidartigen

Deckeln ein so hoch organisiertes Lebewesen wie einen Krebs – der aber mit Kiemen atmet und deshalb Wasser braucht! Und wie unlösbar sich die gemeine Napfschnecke *Patella* bei Trockenheit an ihrem Untergrund festsaugt, davon kann sich jeder Strandwanderer überzeugen, wenn er versucht, ein solches Tier mit dem Taschenmesser abzulösen.

SEEPOCKEN: DASS ES SICH BEI SEEPOCKEN UM TIERE HANDELT, KANN MAN – BEI VIEL GEDULD – ERST UNTER WASSER SEHEN. DANN WERDEN DIE LIDARTIGEN VERSCHLÜSSE GEÖFFNET, UND ES TRETEN ZARTE, FÄCHERARTIGE FÜHLER HERVOR, MIT DENEN IM GEHÄUSE FESTSITZENDE KREBSTIERCHEN DAS WASSER IN WELLENARTIGER BEWEGUNG AUF NAHRUNG DURCHKÄMMEN.

Der wirklich aus dem Wasser führende Weg ist jedoch mit der Entwicklung von Skeletten verbunden – sei es einem äußeren, wie bei den Insekten, oder einem Innenskelett, wie bei den Wirbeltieren. Es ist auffallend, dass gerade bei so urtümlichen Fischen wie den Quastenflossern das Vorliegen eines Innenskeletts alsbald dazu benutzt wurde, um mit fleischigen Flossen ans Land zu robben und so die Entwicklung zum Vierfüßer einzuleiten. Anfang dieses Jahrhunderts wurde in Kanada der Fossilfund eines 375 Millionen Jahre alten Amphibien-Ahnen gemacht, *Tiktaalik* mit Namen, ein wunderbarer Beleg für einen *missing link* auf diesem Weg: Es handelt sich, grob gesagt, um ein fischartiges Wesen mit einem krokodilähnlichen Kopf, das mithilfe von zwei muskulösen, bereits abgewinkelten Vorderflossen aus dem flachen Wasser gehoben werden konnte.

DIE HABEN NERVEN Freilich ist die Skelettbildung nur gemeinsam mit einer zweiten, weit älteren Eigenschaft in der Lage, die Tiere für das Betreten des Festlandes vorzubereiten: der Entwicklung eines reizleitenden Nervensystems. Erst damit kann die Körperbewegung koordiniert und den Anforderungen der Orientierung in einer komplizierten Umwelt angepasst werden. Mit den Möglichkeiten, die hierdurch gegeben sind, wird ein völlig neues Evolutionskapitel aufgeschlagen, das die Beschreibung des Tierkörpers als einer hydraulischen Konstruktion übersteigt. Der dadurch begonnene Weg führt auch in ganz andere Weiten als alles, was die pflanzliche Evolution zu bieten hat, auf die wir uns hier beschränken. Wir wollen diesen Weg nicht weiter verfolgen; er ergäbe ein eigenes Buch. Allerdings ist es gut, sich vor Augen zu halten, dass auch unser Buch diesen Weg zur Voraussetzung hat.

Die Ausbildung einer festen Zellwand und das Setzen auf die damit gegebenen evolutiven Möglichkeiten haben ihren Preis – den Verzicht auf Beweglichkeit. Sowenig diese gegenüber dem Sonnenlicht erforderlich erscheint, ist der Verzicht darauf doch eine kurzsichtige Entscheidung. Leben ist, bedingt durch die Fähigkeit zur Selbstverdoppelung bei der Zellteilung, immer auf Ausbreitung angelegt. Man braucht sich nur an die berühmte Wette mit dem Schachbrett und den Weizenkörnern zu erinnern, um die Macht des exponentiellen Wachstums, hier der Verdoppelung der Körnerzahl mit jedem Schritt, zu ermessen. Bei einer Ausgangsmenge von nur einem Korn auf dem ersten Schachbrett-Feld sind es 2^{64} Körner auf dem letzten, das sind über 18 Trilliarden Körner oder, bei einem durchschnittlichen Gewicht von 0.04 g pro Korn,

720 Milliarden Tonnen Weizen! (Wer meint, ich hätte nicht richtig gerechnet: Selbstverständlich liegen auf dem letzten Feld »nur« 2^{63}, also gute 9 Trillionen Körner; aber man muss die davorliegenden 63 Felder dazuzählen, und das ergibt, der mathematischen Summenformel sei Dank, gegenüber 2^{64} die exakte Summe von 2^{64-1} ein doch wohl vernachlässigbarer Fehler!) Und was sind schon 64 Teilungsrunden für einen alle paar Stunden sich verdoppelnden Einzeller?

Ausbreitung, Eroberung neuer Lebensräume ist somit das Gebot der Stunde, und das bedeutet Ortsveränderung, Beweglichkeit. Ohne das geht es auch bei den Landpflanzen nicht, wenngleich sie das Geschäft der Ausbreitung den Insekten (bzw. anderen Tieren) und dem Wind übertragen haben. Am Anfang ist aber auch in der pflanzlichen Evolution noch selbstständige Beweglichkeit gefragt. Die Evolution geht dabei, obwohl sie laut Lehrbuch niemals ihre Richtung umkehren darf, sozusagen einen Schritt zurück. Unsere einzellige Grünalge »erinnert sich« an die Zeiten, da Algen noch bewegliche Geißeltierchen waren, und greift auf dieses Entwicklungspotenzial zurück, das ähnlich wie bei den Amöben noch in ihrem Erbgut schlummert. Sie legt sich zwar nicht selbst eine Geißel zu, aber zerteilt ihren Zellleib im Innern des festen Zellulosegehäuses in vier, acht, manchmal sogar 16 begeißelte »Schwärmsporen« von länglicher Gestalt, die nach Aufreißen der alten, solcherart zum Sporenbehälter gewordenen Zellwand frei werden und das Weite suchen. Sporenbehälter und Sporen – das sind für uns alte Bekannte. Auch wenn die Sporen diesmal Geißeln tragen und aktiv »ausschwärmen« – es hat dieselbe Funktion: Es sind Ausbreitungseinheiten, die der ungeschlechtlichen Fortpflanzung dienen.

Was tun diese »Schwärmsporen«, wenn sie ihre Wanderung beendet haben? Das kommt darauf an. Entweder sie verlieren am neuen Standort ihre Geißeln, kugeln sich ab, umgeben sich erneut mit einer Zellulosewand und nehmen ihr altes Algendasein wieder auf. (Bei fädigen Algenarten, die solche Schwärmsporen in einzelnen Zellen bilden, wächst die Spore nach Sesshaft-Werden und Geißelverlust wieder zu einem neuen Faden aus.) Oder, und das ist nun der eigentliche Clou, sie treffen auf eine andere Schwärmspore, verschmelzen mit ihr und bilden eine »Zygote«. Die

Schwärmsporen sind damit unter der Hand zu Geschlechtszellen konvertiert, und wir müssen uns nun nicht mehr wundern, warum die geschlechtliche Fortpflanzung auf dem Land so lange mit dem Unabhängigwerden von Wasser herumlaboriert hat. Geschlechtszellen sind von Haus aus Geißeltierchen, und dieses uralte Algenerbe wird man nicht so mir nichts dir nichts los. Allerdings fusioniert nicht jede Schwärmspore mit jeder, sondern die Kopulation setzt gewisse genetische Unterschiede zwischen den beteiligten Zellen voraus. Das ist natürlich gut so, denn ohne einen solchen Unterschied hätte die Verschmelzung ja gar keinen Sinn, sondern könnte als bloße Genom-Verdoppelung auch von einer Schwärmspore allein erreicht werden.

Auf dieser untersten Stufe der Sexualität schon von »männlich« und »weiblich« zu sprechen, ist noch zu früh; man charakterisiert die Kopulationspartner einfach als + und –. Äußerlich gleichen sich die Geschlechtszellen noch völlig, wie es auch zu den ungeschlechtlichen Schwärmsporen kaum Unterschiede gibt. Und doch herrscht nicht restlose Beliebigkeit. Kopulationsfähige Schwärmer werden besonders dann gebildet, wenn es eng wird mit den Ressourcen im Lebensraum: sinkende Temperaturen, abnehmende Tageslänge, Verschlechterung der Wasserqualität, bevorstehende Trockenheit und dergleichen. Die aus der Kopulation hervorgehende Zygote macht dann nicht nur ihre übliche Zellwand, sondern bunkert sich regelrecht ein. Sie legt noch einige Schutzschichten mehr auf ihr Gehäuse, um als »Diaspore«, »Zyste« oder wie auch immer die Bezeichnungen lauten mögen, die schlechten Zeiten zu überdauern. Ja, im Fall der Austrocknung kann sie sogar durch den Wind in neue Lebensräume verfrachtet werden und gleicht dann der Funktion nach wirklich den Gebilden, die wir von der Verbreitung der Farne her kennen. Bei günstigen Bedingungen erwacht sie dann zu neuem Leben und bildet in ihrem Innern vier neuerliche Schwärmsporen, denen allerdings eine Reifeteilung zur Halbierung ihres Chromosomensatzes vorausgeht. Das kommt uns nun doch schon sehr bekannt vor, und in der Tat stehen wir hier an der Basis des Generationswechsels! Auch wenn sie nicht zu einer »Pflanze« im herkömmlichen Sinn auswächst, stellt die Zygote mit ihrer Fähigkeit zur Überdauerung die mit doppeltem

Chromosomensatz ausgestattete ungeschlechtliche Generation dar, die sich »vorschriftsmäßig« durch (Schwärm-)Sporen mit einfachem Chromosomensatz fortpflanzt. Nun wird das Bild etwas unübersichtlicher, weil die aus den Schwärmsporen werdenden geißellosen Algenzellen nicht sofort zu einer Geschlechtsgeneration werden müssen, sondern sich beliebig oft zweiteilen und auf diese Weise vegetativ vermehren können. Erst, wenn dann in einer solchen Zelle wieder die innere Geschlechtszellenbildung einsetzt, schließt sich der Kreis.

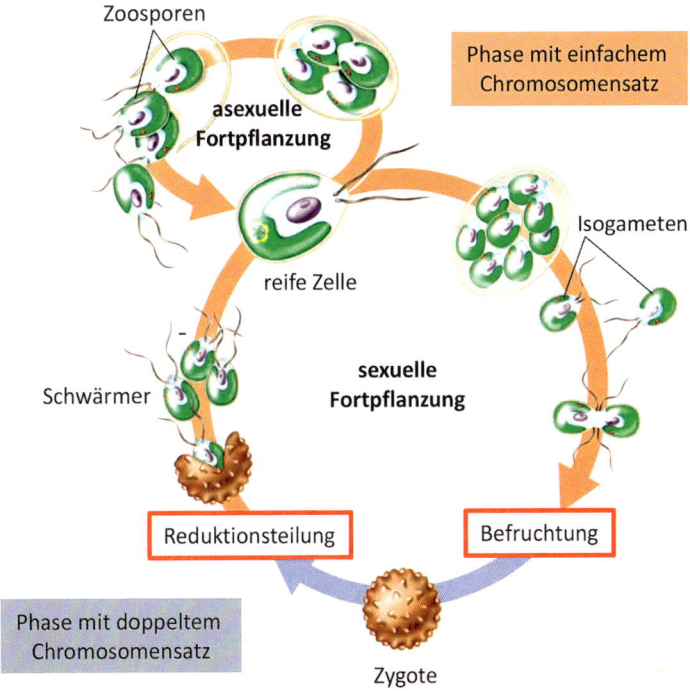

DAS AUFKOMMEN VON SEXUALITÄT BEI DER EINZELLIGEN GRÜNALGE *CHLAMYDOMONAS* (MURRAY W. NABORS, BOTANIK, PEARSON STUDIUM, MÜNCHEN 2007, ABB. 18.14)

Mag sein, dass der völlig symmetrische Generationswechsel, wie eben beschrieben, in Wirklichkeit niemals so vorkommt, aber er zeigt das Prinzip. Im rauen Alltag der Evolution wird dieses Prinzip allerdings rasch abgewandelt, und zwar durch unterschiedliche Differenzierung der Geschlechtszellen. Die männlichen

werden immer kleiner und zahlreicher – hier wird alles auf
Beweglichkeit und Ausbreitung des Erbguts gesetzt. Die weiblichen Geschlechtszellen werden dagegen immer größer und
schwerfälliger – hier geht es um Nahrungsvorrat für einen guten
Start der auskeimenden Generation. Am Ende steht dann die
geißellos und stationär gewordene weibliche Geschlechtszelle, die
als »Eizelle« auf der Geschlechtspflanze verbleibt und dort von
kleinen männlichen Geschlechtszellen, jetzt »Samen-« oder
»Spermazellen« genannt, befruchtet wird. Die Sporen machen
eine solche Größendifferenzierung zunächst nicht mit – sie haben
ja alle den vegetativen Körper einer Geschlechtsgeneration zu
erzeugen. Aber der von der Evolution der Farnpflanzen vorbe-
lastete Leser weiß natürlich, wohin das führt. Es liegt nahe, die
Tendenz zur Massenverringerung bei der männlichen Generation
auch auf den Vegetationskörper (sollen wir schon sagen: den
Vorkeim?) auszudehnen. Männliche Geschlechtszellen brauchen ja
bei Weitem nicht so viel Substanz wie weibliche, und darum reicht
auch ein kleinerer Körper, der sie erzeugt. Für dessen Keimung
reicht aber auch eine kleinere Spore.

Kurz und gut, die Ausdehnung der Geschlechtsunterschiede
auch auf den vegetativen Bereich ist ein altes Stück, das unter den
Algen längst in extenso durchgespielt wurde, bevor es bei den
Landpflanzen zur Lösung des Befruchtungsproblems auf dem
Trockenen zum Einsatz kam. Daraus lässt sich allerdings nicht
unmittelbar etwas für die stammesgeschichtliche Weiterentwicklung der Landpflanzen ableiten. Was haben die Algen nicht alles an
Kuriositäten im Generationswechsel hervorgebracht: an der
Anzahl seiner Glieder, die manchmal vermehrt und in extremen
Fällen bis zum Vorliegen einer einzigen Generation mit ausschließlich geschlechtlicher Fortpflanzung (wie im Tierreich) verringert
werden; am Aussehen von geschlechtlicher und ungeschlechtlicher Generation, die bisweilen so verschieden und gleichzeitig so
unabhängig voneinander sein können, dass sie oft für zweierlei
Arten gehalten wurden; an Sporentypen und Geschlechtszellfor-
men; an Kopulationsweisen (bis hin dazu, dass einfach die ganzen
Inhalte von zwei benachbarten Zellen miteinander verschmelzen)
und Nebenfruchtformen der vegetativen Vermehrung usw. Der
Einfallsreichtum auf diesem Gebiet wird nur noch von den Pilzen

übertroffen, die sich irgendwo aus dem Algenreich (womöglich von den Rotalgen) ableiten, aber gleichzeitig auch tierische Ursprünge haben. Die Ausgestaltung von Sexualität erweist sich eben als äußerst plastische Angelegenheit, und es sind vor allem ökologische Gegebenheiten, die diktieren, wie sie im Einzelfall aussieht.

Auch bei den Menschen ist es nicht viel anders als bei den Pflanzen – so sagen uns Primatenforscher. Ob Ein- oder Vielehe, ob ein Mann mehrere Frauen oder eine Frau mehrere Männer hat, sei nicht aus der »Natur« des Menschen zu bestimmen, sondern hinge schlicht vom Nahrungserwerb oder sonstigen wirtschaftlichen Überlegungen ab. Die Art der Ehigkeit sei in erster Linie eine Frage der Versorgungsstrategie und nicht einer idealisierten Ich-Du-Beziehung von Personen.

Man verzeihe die Abschweifung, aber ein kleiner Zweifel ist hier anzumelden. Ich erinnere mich an die Lektüre von Interviews mit den Angehörigen eines tibetanischen Hirten-Stammes, bei dem es üblich ist, dass eine Frau mit ihrem Mann gleichzeitig dessen sämtliche Brüder heiraten muss – angeblich ein Anpassungsvorteil, um den ohnehin zu kleinen Landbesitz nicht unnötig zwischen Geschwistern aufteilen zu müssen. Die befragten noch unverheirateten jungen Frauen dieses Stammes antworteten dabei allesamt, dass sie, wenn sich die Möglichkeit böte, in die Stadt ziehen würden, um dem Elend einer solchen vielfachen Männerherrschaft zu entkommen. Es scheint, dass man sich auf dem »Evolutionsniveau«, das unser Nervensystem erreicht hat, doch davor hüten muss, die Phänomene einzig aus evolutionsbiologischem Blickwinkel zu erklären. Das nur für den ideologischen Hinterkopf; für eine evolutionäre Herleitung der pflanzlichen Sexualität ist das Beispiel selbstverständlich ohne Belang.

AM TELLERRAND DER BIOGENESE

Die Zelle mag der Grundbaustein aller lebendigen Organisation sein – einfach ist sie darum noch lange nicht:

- ein Kernteilungsapparat, mit dem in präziser Weise die verdoppelten Chromosomen voneinander getrennt werden,
- die exakte Reduktion dieser Chromosomenzahl bei der Reifeteilung,
- der komplizierte Fortbewegungsapparat der Zellgeißel,

das sind nur einige unverzichtbare Voraussetzungen in unserer evolutionären Nacherzählung, die ahnen lassen, wie viel molekulare Komplexität in diesem Grundelement des Lebens steckt, ganz zu schweigen vom Räderwerk der chemischen Reaktionen, das jede Minute in ihrem Innern abläuft.

> WELCH MOLEKULARE **KOMPLEXITÄT** IN EINER **ZELLE** STECKT, GANZ ZU SCHWEIGEN VOM RÄDERWERK DER **CHEMISCHEN** REAKTIONEN, DAS JEDE MINUTE IN IHREM INNERN ABLÄUFT!

In der Tat ist es vor allem die Raffinesse dieser molekularen Maschinen und Mechanismen, die vorhanden sein müssen, damit eine Zelle überhaupt funktioniert, was einer evolutionären Erklärung des Lebens am meisten Widerstand bietet. Die Abstimmung und das Zusammenwirken aller dazu notwendigen Bestandteile lässt die Basis des Lebens in höchstem Maß als *intelligently designed* erscheinen, und die Anhänger der ID-Theorie nützen diesen Umstand auch weidlich aus.

Jedoch ist Zelle nicht gleich Zelle. Es gibt zumindest zwei sehr verschiedene Typen davon. Gemeint sind hier nicht die Unterschiede zwischen Tier- und Pflanzenzelle, wie Chloroplasten oder Zellwand. Es geht vielmehr um den Bau der Bakterienzelle, der trotz aller funktionalen Gleichheit in den Lebensmerkmalen Stoffwechsel und Vererbung so grundlegend anders ist, dass die spezialisierteste Tierzelle mit der einfachsten Pflanzenzelle immer noch mehr gemeinsam hat als diese mit einem Bakterium. Es ist darum üblich, die bakteriellen Zellen als eigene Domäne von allen »echtzelligen« Lebewesen abzutrennen. Das Unterscheidungsmerkmal ist dabei vor allem, wie das Erbmaterial, die DNA, in den Zellen aufbewahrt wird. Bei den Bakterien liegt die (meist ringförmige) DNA frei im Zellinnern, während bei den »Echtzellern« die DNA-Stränge aufgrund ihrer Größe an speziellen Proteinen aufgewickelt und in einem besonderen Behälter, dem Zellkern, verstaut sind. Aufgrund dieses Unterschieds, ob ein Zellkern vorliegt oder nicht, bezeichnet man die »Echtzeller« als Eukaryoten und die Bakterien als Prokaryoten. Wieder ein Fachausdruck mehr, gewiss. Aber immerhin mit dem Vorteil, dadurch die falsche Vorstellung zu vermeiden, Bakterien wären keine richtigen Zellen. Sie sind genauso »echte« Zellen wie die »Echtzeller« – nur eben völlig anders gebaut, und darum ist die Rede von eu- bzw. prokaryotischen Zellen die bessere Wahl.

Der zweite auffällige Unterschied betrifft die Größe. Eine Bakterienzelle ist in der Regel nicht viel größer als die auffälligsten Bestandteile der eukaryotischen Zelle, die Chloroplasten und Mitochondrien. Das gibt zu denken und wird uns bei der Rekonstruktion der Zellevolution gleich noch ein Stück weiterhelfen. Dieser Größenunterschied ist es vor allem, der die Euzyte vor die Notwendigkeit einer größeren Gliederung und inneren Aufteilung stellt, um die vielfältigen Reaktionswege der Zellchemie in geordnete Bahnen zu lenken. Ein vielfach verzweigtes Netz von Kanälen, die aus denselben Biomembranen gebildet werden wie die äußere Zellbegrenzung, durchzieht das Innere der eukaryotischen

Zelle und trennt darin auch bestimmte Bereiche als »Organellen« ab. Vor allem die Hülle des Zellkerns macht den Eindruck, dass sie aus diesem Membransystem gebildet worden ist, indem sich Stücke davon abgegliedert und als kugelförmige Schutzschicht um das Erbmaterial gelegt haben. Durch die Öffnungen zwischen den Doppelmembran-Stücken können dann leicht Genkopien nach außen geschleust werden, wenn sie für die Proteinsynthese vonnöten sind.

AMÖBE MIT ALGENZELLEN: AUCH WENN DAS HIER NUR EIN ZWISCHEN-SCHRITT AUF DEM WEG DER WEITEREN VERDAUUNG IST, KANN DAS BILD VERANSCHAULICHEN, WIE ES ZUR SOG. ENDOSYMBIOSE VON ALGEN IN TIERZELLEN GEKOMMEN IST. DIE ZELLGÄSTE BRAUCHEN »NUR« EINEN MECHANISMUS ZU ENTWICKELN, DER IHNEN DEN VERBLEIB IN DEN NAHRUNGSVAKUOLEN DER WIRTZELLE GESTATTET, UND SCHON PROFITIERT AUCH DER WIRT VON DER PHOTOSYNTHESE-TÄTIGKEIT SEINER GÄSTE. (FWU INSTITUT FÜR FILM UND BILD IN WISSENSCHAFT UND UNTERRICHT GEMEINNÜTZIGE GMBH, GÖTTINGEN (FWU-MEDIATHEK.DE)

Nicht nur der Zellkern, sondern auch die Chloroplasten und Mitochondrien, die Orte der Photosynthese bzw. der Zellatmung, sind von solch doppelten Membranen umgeben. Da hier aber keine Anschlüsse zum übrigen Kanalsystem bestehen, erweckt dies den

Eindruck, als handle es sich dabei nicht um zelleigene Strukturen, sondern um Einschlüsse von fremdem Material. Wir kennen so etwas ja von den Amöben her. Diese umfließen mit ihren »Scheinfüßchen« eine Nahrungspartikel, vereinigen die Füßchen-Enden über der entstandenen Bucht und bringen das so entstandene Nahrungsbläschen ins Zellinnere, wo es aufgelöst und sein Inhalt verdaut wird. Das muss aber nicht so sein. Wir haben schon von grünen Amöben gehört, und in der Tat sind deren »Chloroplasten« eigentlich einzellige Grünalgen, die in der eben dargestellten Weise in eigenen Zellbläschen aufgehoben werden. Man erkennt das daran, dass solche Zelleinschlüsse zwei Membranen besitzen: eine äußere vom Vorgang der Bläschenbildung durch Umfließen und eine innere, die als Zellmembran zur Algenzelle gehört. Dass sie nicht weiter verdaut wird, hat seinen guten Sinn. Die als Zelleinschlüsse weiterlebenden Algenzellen setzen ihre Photosynthese-Tätigkeit fort und versorgen den sie beherbergenden Wirt so viel länger mit Nahrung, als wenn sie gleich verzehrt würden. Endosymbiose nennt der Biologe so etwas, eine Lebensgemeinschaft einer Zelle in einer anderen zu gegenseitigem Nutzen. (Der Nutzen für die Alge besteht vor allem im Schutz; das Ganze schmeckt doch ein wenig nach einseitigem Vorteil, um nicht zu sagen nach Ausbeutung.)

GRÜNE UNTERMIETER Sieht man sich ein wenig im Reich des Lebendigen um, stellt man schnell fest, dass Endosymbiose ein weitverbreitetes Phänomen ist. Viele tierische Organismen haben es sich zur Gewohnheit gemacht, Algen als Dauergäste zu beherbergen. Nicht nur Einzeller wie unsere Amöben oder Sonnen- und Wimpertierchen, nein, auch Mehrzeller wie der Süßwasserpolyp *Hydra viridissima* (Nomen ist hier tatsächlich Omen, weil er davon ganz grün aussieht) und viele Korallen und Quallen haben Algen als Untermieter in ihren Zellen und leben mehr oder weniger dauerhaft davon. Am eindrücklichsten ist vielleicht der Fall von *Elysia chlorotica*, einer kleinen Meeresschnecke, die sich in ihrer Jugend von bestimmten, am Strand vorkommenden Schlauchalgen (*Vaucheria*) ernährt. Erstaunlicherweise werden zwar die Algenfäden verdaut, aber deren Chloroplasten werden verschont, aus dem Darm der Schnecke exportiert und in die Außenhaut verteilt.

EIN TIERISCHES BLATT ENTSTEHT: JUNGES EXEMPLAR DER MEERESSCHNECKE *ELYSIA VIRIDIS* AUF IHRER FUTTERPFLANZE. (HILDA CANTER-LUND PHOTOGRAPHY AWARD 2011, FOTO: BRUNO JESUS)

AUSGEWACHSENES TIER VON *ELYSIA CHLOROTICA* AUF ALGENWATTE. DAS
TIER IST BLATTARTIG GEWORDEN UND LEBT NUR NOCH VON DER PHOTO-
SYNTHESE SEINER CHLOROPLASTEN. WOHLGEMERKT: IM UNTERSCHIED ZUR
ALGEN-SYMBIOSE DES GRÜNEN SÜSSWASSER-POLYPEN SIND HIER DIE
ZELLGÄSTE KEINE GANZEN GRÜNALGEN, SONDERN NUR DEREN ORGANELLEN,
DIE CHLOROPLASTEN. (PELLETREAU K.N., WEBER A.P.M., WEBER K.L.
RUMPHO M.E. (2014): LIPID ACCUMULATION DURING THE ESTABLISHMENT
OF KLEPTOPLASTY IN ELYSIA CHLOROTICA. PLOS ONE 9(5): E97477.
DOI:10.1371/JOURNAL.PONE.0097477, FIG. 1)

Im Verlauf dieser Aktion bildet sich der Schneckenmund zurück
und das nunmehr blattartige Tier lebt die Monate bis zu seinem
Ende ausschließlich von den Syntheseprodukten seiner endosymbiontischen Algen-Chloroplasten.

Selbst grüne Pflanzen bedienen sich solch zusätzlicher Untermieter. Vor allem die uns schon bekannten Augen- oder Geißeltierchen sind hierin wahre Meister. Manche von ihnen besitzen nur
einen einzigen großen Farbstoffträger (»*Chromatophor*«) als Sitz

ihres Chlorophylls, und dieser entpuppt sich in der Regel nicht als ursprüngliche Algenzelle, sondern als weiteres Geißeltierchen, das einstmals verschluckt und zum Photosynthese-Organell degradiert wurde. Bisweilen lassen sich bis zu vier Generationen solcher »Untermieter« unterscheiden, d.h. eine ursprünglich selbstständige Alge wurde dreimal nacheinander von Geißeltierchen inkorporiert! Feststellen lässt sich die ganze Kette von Integrationsvorgängen noch an den Resten von Augenflecken und Zellkernen und, vor allem natürlich, an der vierfachen Membran, die den scheinbaren Chloroplasten in der letzten Wirtszelle umgibt.

Die Kenntnis solch inniger Symbiose-Formen hat den Boden bereitet für die Vermutung, dass auch der komplexe Aufbau der echten Zelle oder Euzyte auf diese Weise als Integrationsprodukt aus einfacheren Vorformen erklärt werden könnte. Wie bereits erwähnt, legt sich das für Chloroplasten und Mitochondrien schon aufgrund ihrer mit Bakterien vergleichbaren Größe nahe. Auch die »Doppelmembran«, die sie umgibt, nährt den Verdacht, es handle sich hier eher um Zellgäste als um zelleigene Strukturen. Molekulargenetische Beweise kommen hinzu. Beide Organellen, Chloroplasten wie Mitochondrien, haben ihre eigene DNA und vermehren sich selbstständig durch vom Zellkern unabhängige Teilungen. Dies ist das wohl stärkste Argument für ihre ursprüngliche Eigenständigkeit, ähnlich wie die Zellkernreste in den Geißeltierchen-»Chloroplasten« auf deren Existenz als ursprünglich selbstständige Lebewesen hinweisen. Nur, dass es sich diesmal um das Zusammenleben von bakteriellen Gästen in einem echtzelligen Wirt handelt, was den Eindruck eines hohen Integrationsgrades noch verstärkt. Zudem haben diese bakteriellen Gäste nur noch ein unvollständiges Erbgut, d.h. ihre DNA enthält nicht mehr alle Gene, die für ein selbstständiges Funktionieren erforderlich wären. Das ist von den Zweiflern an der »Endosymbiontentheorie« der Zelle prompt als Einwand dagegen gewertet worden. Man kann diesen Defekt aber genauso gut im Sinne dieser Theorie als Export von Genen aus der endosymbiontischen Bakterienzelle in den Zellkern des Wirts erklären. Seit die DNA-Sequenzen einer ganzen Reihe von Organismen aufgeklärt sind, weiß man, dass solch »horizontaler Gentransfer« über Zellgrenzen hinweg zum mikrobiologischen Alltag gehört. Wenn das schon zwischen selbstständigen Lebewesen geschieht, dann wohl doch erst recht zwischen Gästen und Wirten innerhalb einer Endosymbiose.

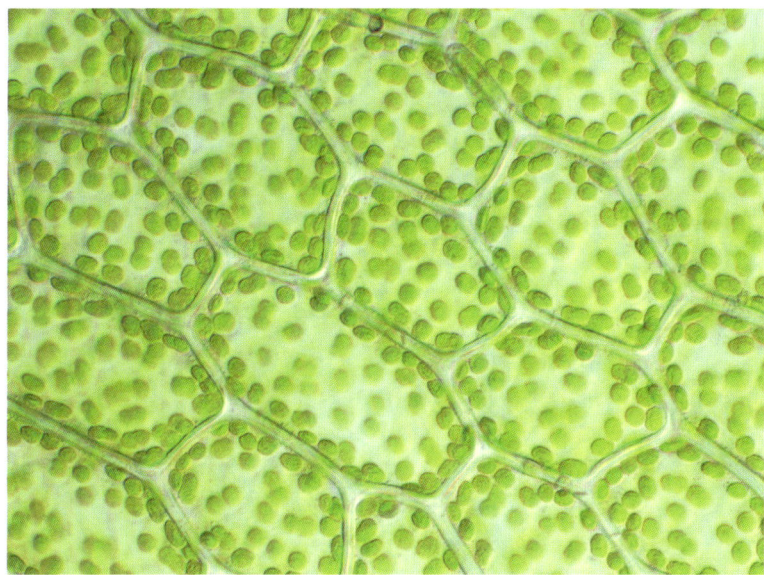

PFLANZLICHE »CHLOROPHYLLKÖRNER«: ENDOSYMBIOSE-GÄSTE NACH ZWEI MILLIARDEN JAHREN. TYPISCHE PFLANZLICHE CHLOROPLASTEN IN DEN BLATTZELLEN DES STERNMOOSES. DIESE CHLOROPLASTEN ENTSPRECHEN IN IHRER GRÖSSE DEN ZELLEN DER CYANOBAKTERIEN-GATTUNG *NOSTOC*, DIE MAN NACH HEUTIGER SICHT FÜR DIE AHNEN HÄLT. (CK)

Selbstverständlich braucht so etwas seine Zeit. Wenn also eine ganze Reihe der Endosymbionten-Gene in das Erbgut der Wirtszelle gewandert ist und die Gäste damit ihre genetische Autonomie schon teilweise eingebüßt haben, deutet dies auf ein sehr hohes Alter dieser Lebensgemeinschaft hin. Es weist uns zurück zu den Anfängen einzelligen Lebens, die uns fossil durch sogenannte Stromatolithen, versteinerte mikrobielle Lagerstätten (»Biomatten«) mit einem Alter von bis zu 3,5 Milliarden Jahren, überliefert sind. Als in dieser Frühzeit des Lebens das Wachstum prozytischer Algen überhandnahm (früher hat man sie Blaualgen genannt, heute spricht man von »Cyanobakterien«), wurde der bei der Photosynthese frei werdende Sauerstoff mehr und mehr zum Problem. Sosehr wir ihn heute zum Leben benötigen, stellte er zunächst wegen seiner chemischen Aggressivität ein gefährliches Zellgift dar, mit

dem das Leben daran war, sich selbst zugrunde zu richten. Durch
einen Trick der bakteriellen Stoffwechselchemie wurde diese erste
Umweltkatastrophe der frühen Erde gemeistert. Bakterien sind
bekanntlich Alleskönner im Ausnützen von Energiequellen, und so
ist es manchen unter ihnen gelungen, den bisher lebensfeindlichen
Sauerstoff in Dienst zu nehmen und durch das Oxidieren organischer Nahrungsmoleküle die Energie für das eigene Leben zu
gewinnen. Die Atmung war »erfunden«! Was zunächst eine Not-
lösung schien, sollte sich auch noch als höchst effektiv heraus-
stellen: Der beim Veratmen von Traubenzucker erzielte Energie-
gewinn ist 18-mal höher als bei der Gärung ohne Sauerstoff. Das
Zusammenleben von Mikroorganismen, die bei der Photosynthese
Sauerstoff erzeugen, und solchen, die ihn bei ihrer Atmung verbrauchen, stellte also ein höchst sinnvolles und lebensdienliches
Gleichgewicht dar – beiden Seiten zum Vorteil. Diesen Vorteil
wollte auch die Eukaryoten-Zelle für sich nutzen, oder besser
gesagt: Die äußere Symbiose von Mikroorganismen einer Biomatte
in die innere Symbiose einer Zelle zu übertragen, konnte dann
zur Entstehung der eukaryotischen Zelle führen.

DURCH EINEN TRICK DER BAKTERIELLEN STOFFWECHSEL-CHEMIE WURDE DIE ERSTE UMWELT-KATASTROPHE DER FRÜHEN ERDE GEMEISTERT.

Wer fungierte in dieser Phase der zellulären Evolution als Wirt,
um die so überaus nützlichen photosynthetisierenden und atmen-
den Bakterien aufzunehmen? Keine Frage, dass eine eukaryotische

Zelle von solchen Gästen profitierte – nicht weniger als der Süßwasserpolyp von seinen Algenzellen. Aber die eukaryotische Zelle war ja noch gar nicht da. Es konnte also nicht anders sein als bei den Endosymbiosen der Geißeltierchen: dass eine (diesmal allerdings prokaryotische) Zelle ihresgleichen schluckte. Der Wirt musste selbst eine Bakterienzelle gewesen sein, eine große zwar, aber doch von einer Organisation, die nicht viel anders war als die seiner Gäste. Nur eine feste Zellwand durfte er natürlich nicht haben, wenn er seine Gäste durch Umfließen einfangen wollte. Groß und ohne feste Zellwand – das erinnert uns an bekannte Hydraulikprobleme und ihre Lösung. Es musste versteifende Elemente geben, Verstrebungen, welche die große dünne Hülle vor dem Zerplatzen bewahrten und zugleich der Zellblase eine kraftschlüssige Bewegung zum Umfließen ihrer Gäste erlaubten.

Unsere künftige Wirtszelle musste also schon Bestandteile eines Zellskeletts besitzen, lange röhrenförmige Proteinkomplexe, die sich nach Belieben verlängern oder verkürzen lassen, um so die zelluläre Formveränderung von innen heraus zu stabilisieren und zu steuern. Ein solches Zellskelett ist für die eukariotische Zelle typisch. Seit man seine Bestandteile durch verschiedene Fluoreszenzfarben kennzeichnen kann, hat man Vorläufer davon auch schon in Bakterienzellen entdeckt. Dort haben sie ursprünglich eine andere Funktion, indem sie z.B. den Ablauf bestimmter Stoffwechsel-Reaktionen beschleunigen helfen. Aber die Möglichkeit für ihre Nutzung in einem neuen Funktionszusammenhang war gegeben, und sie wurde bei dem Bedarf an Stabilisierung der bakteriellen Wirtszelle auch genutzt. Gleichzeitig sind die in der Länge veränderlichen Fasern des Zellskeletts geeignet, die Kettenmoleküle der Erbsubstanz, der DNA, in transportierbaren Einheiten als »Chromosomen« verpackt, durch die Zelle zu bewegen. Der Mechanismus der Zellteilung war damit geboren. Dass das zelluläre Kanalsystem aus immer tieferen Einbuchtungen in die Zelloberfläche hervorgegangen sein könnte, ist am Mechanismus der Vakuolenbildung ablesbar – die gebildeten Bläschen mussten sich nur noch in die Länge strecken.

Wenn solche lang gezogenen Bläschen bzw. Kanäle sich schützend um das Erbgut im Zentrum der Zelle legen, kommt das der Bildung eines Zellkerns gleich. Bleibt nur noch der Fortbewegungsapparat, die Geißel, übrig. Dafür kennen wir allerdings keine einfacheren Vorläufer-Formen, weil auch die Bakteriengeißel, zumindest was ihren Antrieb angeht, nicht minder kompliziert gebaut ist wie die eukaryotische. Immerhin bestehen auch diese Geißeln aus denselben Proteinröhren, wie sie für das Zellskelett Verwendung finden.

Damit ist die Endosymbiontentheorie der Zelle in ihren wesentlichen Zügen nachgezeichnet. Die Entstehung der eukaryotischen Zelle damit zu erklären, ist ein evolutionstheoretisches Novum, weil sich das Neue hier nicht im Sinne Darwins als Ergebnis einer kontinuierlichen Anpassung darstellt, sondern als Resultat einer Integration von Teilsystemen, die ursprünglich selbstständig existierten und nun auf einer höheren Systemebene als neue Funktionseinheit zusammenwirken. Die aus dieser Integration sich ergebenden neuen Systemeigenschaften verlangen dann ihrerseits nach weiterer Anpassung der Gesamtkonstruktion, um strukturell das einzuholen und auszugestalten, was mit dieser Integration an neuen Möglichkeiten eingeleitet worden ist. Das steht dann wieder ganz im Einklang mit Darwins Theorie.

Wie schaut es nun mit dem Wirt für diese Endosymbiose aus bzw. ganz allgemein mit der Herkunft der ersten prokaryotischen Zelle überhaupt? Auch dafür hat man Namen erfunden: »Präzyten« und »Progenoten«. Aber in solchen Bezeichnungen steckt mehr Fragezeichen als Auskunft. Was war »vor« der ersten, allereinfachsten prokaryotischen Zelle? Man muss sich klar darüber sein, dass mit dieser Frage der Geltungsbereich der eigentlichen Evolutionstheorie verlassen wird. Die von Darwin vorgelegte Theorie liefert ein Erklärungsmodell für die Entstehung von biologisch Neuem durch fortwährende, geringfügige Abwandlung des Bestehenden und deren umweltbedingte Prämierung als Verbesserung. Dieser Prozess erfolgt kontinuierlich über die Generationen hinweg. Was aber, wenn keine Generationen mehr vorhanden sind, der Grundvorgang der Vererbung vorteilhafter Eigenschaften noch gar nicht existiert? Die Evolutionstheorie ist dann mit ihrer Erklärungskraft am Ende, und »Evolution« hat nur noch den vagen, ganz generellen Sinn von Entstehung des Komplexen aus einfacheren Vorläufern.

So eine Vermutung muss nicht von vornherein falsch sein; sie ist aber noch kein Mechanismus, wie diese Komplexitätszunahme zustande kommen soll. »Chemoevolution«, die Phase der Entstehung des Lebens aus anorganischen Vorstufen, muss also ihre Ursachen auf der Seite des »Chemo-« suchen, und nicht innerhalb einer noch gar nicht vorhandenen Evolution. Es müssen chemische Prozesse gefunden werden, vielleicht ganz andere als die heute in einer Zelle vorliegenden, deren eigene Dynamik zu einem System führt, das die wesentlichen Lebensmerkmale Reproduktion, Stoffwechsel und Evolution zeigt und damit als Zelle angesprochen werden kann. Um es gleich zu sagen: Die Biogenese-Forschung ist von einem solchen Ziel immer noch weit entfernt. Es werden zwar verschiedene Szenarien dafür angeboten, aber sie sind samt und sonders spekulativ, widersprüchlich, und alle haben ihren schwachen Punkt. Wir wollen es bei dieser Bausch-und-Bogen-Einschätzung belassen. Sie mag überzogen klingen, denn vielfach liest man es ja auch ganz anders – so, als sei die vorlebendige Evolution genauso nahtlos zu rekonstruieren wie die Geschichte der Pflanzen. Wirkliche Kenner der Materie, Wissenschaftler, die selbst an vorderster Front der Biogenese-Forschung tätig sind, geben aber – zumindest im persönlichen, ideologisch entspannten Gespräch – freimütig zu, dass wir bis heute nicht recht angeben können, wie das Leben auf unserem Planeten entstanden ist.

BIS **HEUTE** KÖNNEN
WIR NICHT RECHT ANGEBEN,
WIE DAS **LEBEN** AUF
UNSEREM **PLANETEN**
ENTSTANDEN IST.

BLICKE ÜBER DEN BIOLOGISCHEN TELLERRAND HINAUS

Bevor Anhänger der Intelligent-Design-Theorie dieses Eingeständnis allzu bereitwillig als Triumph für sich einheimsen, seien noch zwei Hinweise für den Blick über den biologischen Tellerrand hinaus erlaubt. Zunächst einmal ist festzuhalten, dass die Fähigkeit zur Reproduktion, zur identischen Selbstverdoppelung nicht erst eine Eigenschaft von Lebewesen, sondern bereits von chemischen Molekülen ist. Insbesondere die molekularen Träger der Erbinformation, die Ribonukleinsäuren DNA und RNA, haben diese Eigenschaft, und sie zeigen sie auch außerhalb der lebenden Zelle im Reagenzglas. Es ist darum nur naheliegend, in diesen Molekülen, vor allem der RNA, präzelluläre Vorstufen des Lebendigen und den eigentlichen Motor der Chemoevolution zu sehen. Vielfach wird dies auch getan, und es ist dagegen nichts einzuwenden, solange eines klar ist: Es müssen chemische Eigenschaften dieser Moleküle sein, die ihre Entstehung ebenso erklären wie den daraus sich ergebenden Weg zur Zellbildung, und nicht bloße gedankliche Ableitungen. Was ist damit gemeint? Man ist leicht geneigt, die drei grundlegenden Kennzeichen, mit denen wir das Leben einer Zelle charakterisieren: ihre Vermehrungsfähigkeit, ihre Stoffwechseltätigkeit und ihre Umwelt-Abgrenzung durch eine Biomembran, als Teilsysteme gedanklich zu isolieren und dann als Stufenschema einer realen Evolution auszugeben: Zuerst kam die Synthese der DNA bzw. RNA, dann wurden auf der Grundlage des darin enthaltenen »genetischen Codes« die Proteine gebildet und schließlich das Ganze von einer spontan entstandenen Biomembran umschlossen. Ein solcher »Begriffsrealismus« übersieht, dass die drei Teilsysteme sich innerhalb der Zelle gegenseitig bedingen und ihre Isolierung darum nur gedanklich und nicht, wie bei den Endosymbionten, realhistorisch durchführbar ist. Zwar gibt es für jedes der drei Teilsysteme inzwischen mehr oder weniger gute Simulationen einer spontanen Entstehung; was aber nach wie vor fehlt, ist ein nachvollziehbares Modell ihres spontanen Zusammenschlusses zur übergeordneten Einheit der Zelle. Integration ist, wie wir schon festgestellt haben, die große Ausnahme im Ablauf der Evolution, aber nicht die Regel, die von der Endosymbiontentheorie der Zelle auf alle anderen ungelösten Evolutionsschritte übertragen werden dürfte. Vögel entstehen nicht durch Fusion eines warmblütigen Reptils mit einem federtragenden – auch wenn solche »einprägsamen« Darstellungen bisweilen zu finden sind. Was nottut, ist eine Deduktion der Lebensentstehung nach chemischen Prinzipien, und nicht einfach eine Vergegenständlichung von Begriffen. Es ist aber nicht einzusehen, warum eine solche chemische Ableitung nicht eines Tages möglich sein sollte – Vorarbeiten dazu sind längst im Gange.

DIE ZWEITE »TELLERRAND«-BEMERKUNG Man muss sich davor hüten, bei der Suche nach der Herkunft der einfachsten Lebensform zu sehr an Vorstellungen zu hängen, die von unserer vertrauten Alltagserfahrung, was Leben ist, bestimmt sind. Seit einigen Jahrzehnten kennen wir neben den Bakterien ein zweites Reich prokaryotischer Lebensformen, die Archaebakterien oder *Archaeen*. Obwohl nicht ursprünglicher als die Bakterien, ja, in einigen molekularen Eigenschaften sogar den Eukaryoten näher stehend als jenen, zeigen viele von ihnen eine Lebensweise, die wenig mit dem zu tun hat, was wir gemeinhin von einem Lebewesen erwarten. Neben oft sehr speziellen Wegen des Stoffwechsels ist es vor allem ihre Vorliebe für ungewöhnliche Lebensräume, was unser Erstaunen erregt. Man findet sie unter enormen Drücken in Tiefseeschloten genauso wie auf schwelenden Kokshalden, in Salztümpeln der Geysire wie im trockensten Wüstensand oder stinkenden Solfataren. Manche von ihnen haben die Gewohnheit, erst unter Bedingungen, die kochender Schwefelsäure entsprechen, aktiv zu werden und sich zu vermehren. Eine andere Art, erst kürzlich entdeckt und *Nanoarchaeum equitans* genannt, weil sie als Aufsitzer auf einem anderen Archaebakterium (*Ignicoccus hospitans*) »reitet«, ist mit 0,4 μm das kleinste bisher beschriebene Lebewesen. Es hat so viele molekularbiologische Besonderheiten, dass man dafür eine eigene systematische Abteilung, nur aus dieser Art bestehend, einrichten musste. Am anderen Ende der Skala gibt es Formen mit bis zu 100 μm Länge, die damit gut als Wirt für die endosymbiontische Entstehung der Eukaryoten infrage kämen. Man muss das von Karl O. Stetter gegründete »Archaeencenter« in Regensburg besuchen, wo solche Organismen in großem Umfang kultiviert und in entsprechenden Fermentern auch für den biotechnischen Einsatz vermehrt werden, um eine Vorstellung von den Hexenküchen-Bedingungen zu bekommen, unter denen das Leben – vielleicht – entstanden ist. Es muss nicht sein, dass diese Organismen Relikte aus der Frühzeit des Lebens darstellen. Manchen deuten sie auch als spätere Spezialanpassungen an besonders extreme Lebensbedingungen. Auf jeden Fall tun wir gut daran, unseren Blickwinkel möglichst offen zu halten bei der Frage, wie Leben »am Anfang« ausgesehen hat und wie es dazu kommen konnte. Es mag hilfreich sein, hierzu den begrenzten Beobachtungsposten Erde zu verlassen und nachzuschauen, was anderswo im Weltraum, auf anderen Planeten und Planetensystemen, unter ähnlichen oder (ganz?) anderen Bedingungen an Leben möglich sein könnte. Damit wird es Zeit, den eigenen Grabungsstollen in die Vergangenheit zu verlassen und zu schauen, was der »Kollege auf der anderen Seite des Tunnels« zutage gefördert hat.

LÖSEN WIR UNS VON VOR-STELLUNGEN, DIE VON UNSERER VERTRAUTEN ALLTAGS-ERFAHRUNG, WAS **LEBEN** IST, BESTIMMT SIND.

KUNSTFERTIGKEIT IN NATUR UND GLAS Ein persönlicher Schlussgedanke sei aber noch gestattet. Während der Abfassung dieses Manuskripts war ich zu Besuch im berühmten *Harvard Museum of Natural History* in Cambridge, USA. Ich hatte dort Gelegenheit, eine Rekonstruktion des ersten Landgängers unter den Wirbeltieren, den schon besprochenen *Tiktaalik*, zu bewundern. Aber auch die kostbare Kollektion naturgetreuer Glaspflanzen, welche die Dresdner Glaskünstler Leopold und Rudolf Blaschka zwischen 1890 und 1930 extra für den botanischen Unterricht jener Universität geschaffen hatten. Was, außer dem Fleiß, beeindruckt an solchen Nachbildungen derart? Es ist nicht nur die täuschende Ähnlichkeit mit echten Exemplaren, die ich ein paar Hundert Meter weiter in den Gewächshäusern genauso gut hätte bewundern können. Nein, es sind die Technik, die Präzision und die Akribie, mit der es den beiden Künstlern gelingt, einen Kaktus bis in jede einzelne Stachel und jede individuelle Biegung eines Staubfadens hinein aus Glas zu modellieren. (Nicht minder hätte sich das an einer Traubenhyazinthe nachvollziehen lassen, wäre eine ausgestellt gewesen.) Die mühevolle Feinarbeit der Blaschkas konnte mir so die Augen dafür öffnen, wie viel Kunstfertigkeit in ihren natürlichen Vorlagen steckt. Das ist nicht einfach »Design«, denn diese Vorlagen sind im Unterschied zum Glas keine gemachten Gegenstände, sondern selbsttätige Subjekte. Es ist die Vielseitigkeit der einzelnen Zellen, die hier das Kunstwerk entstehen lässt. Nicht eine von außen kommende planende Intelligenz sehe ich da am Werk, auch nicht die bloße Umsetzung eines vorgebildeten Bauplans in der genetischen Information. Wie wir heute wissen, sind es weitgehend dieselben Gene, die in allen Organismen zum Einsatz kommen, und es ist in erster Linie eine Frage der Quantität, wie viele Syntheseprodukte dieser Gene gleichzeitig interagieren, was die Unterschiede zwischen den Arten bedingt. Von diesen Syntheseleistungen wird das hydraulische Gestaltungsvermögen beeinflusst, und daraus resultiert der Bau des ganzen pflanzlichen Körpers. War es bei Goethe das Blatt, so müssen wir jetzt sagen, es ist die Zelle, worin »der wahre Proteus verborgen liegt«. Es ist das Gestaltungsvermögen der Zelle, vielleicht besser, ihre Kreativität, wodurch das Kunstwerk Pflanze zustande kommt, vor dem wir so sehr staunen. Diese kreative Selbsttätigkeit ist für mich Ausdruck und Vermittlung eines dahinterliegenden, transzendenten Schöpferwillens, der nicht unermüdlich alles selbst macht, sondern Kreativität erlaubt und ermöglicht. Gerade in dieser transzendenten, Abstand haltenden Weise, die nicht vorschnell eingreift, sondern das Unvollkommene zulässt und das Widersprüchliche toleriert, zeigt sich das Göttliche dieses Willens. Takt und Sympathie sind dafür wohl angemessenere Ausdrücke als Planung und Vernunft. Und genau darum möchte ich mir auch den Graben des Unverstandenen, insbesondere an der Schwelle des Lebens (und des Geistes) nicht mit kreationistischen Kurzschluss-Lösungen zuschütten lassen.

DIE KUNSTFERTIGKEIT, MIT DER ES DIE GEBRÜDER BLASCHKA VERSTANDEN, JEDES DETAIL EINER BLÜHENDEN KAKTUSPFLANZE AUS GLAS ZU MODEL-LIEREN, KANN DIE AUGEN ÖFFNEN FÜR DIE MENGE AN DESIGN, WELCHE AUF EVOLUTIVEM WEG IM LAUF DER JAHRMILLIONEN IN DEN ORIGINALEN VER-SAMMELT WURDE. (RICHARD EVANS SCHULTES / WILLIAM A. DAVIS, THE GLASS FLOWERS AT HARVARD. PHOTOGRAPHS BY HILLEL BURGER, CAMBRIDGE (MA) 1992, P. 70 (68) © PRESIDENT AND FELLOWS OF HAVARD COLLEGE)

Nun ist es aber wirklich Zeit, die vom biologischen Rundgang nass gewordenen Stiefel auszuziehen und meinen Freund, den Physiker, anzurufen: »Hallo, du hast ja recht, deine Traubenhyazinthe ist viel staunenswerter, als ich gedacht habe, und es hat ganz schön lange gedauert, das zu verstehen. Aber warum es sie gibt, warum es überhaupt Leben gibt, weiß ich immer noch nicht. Jetzt sag du mal!«

ES IST DIE VIELSEITIGKEIT DER EINZELNEN ZELLEN, DIE HIER DAS KUNSTWERK ENTSTEHEN LÄSST.

CANTICO COSMICO

Atome ferner Sterne kommen zu uns.
Sie sind Träger des Lebens.
Der Kohlenstoff deines Körpers
war in der leuchtenden Atmosphäre eines Sterns.
Und er bestand nicht von Anfang an,
der Kohlenstoff deines Körpers
formte sich in Sternen, die starben
und auseinanderstoben
und ihn wie Pollen in den Zwischenraum streuten,
und so kam er zur Erde.
Das Leben stammt aus dem Sterben der Sterne.
Das Eisen deines Blutes, vor Millionen von Jahren
war es in einem riesigen Stern.
Oder das Gold der Goldschmiede:
aus der Explosion von Supernovae.
Seen, Leguane, Teleskope, alles
aus dem Sternenfeuer.
Wenn die Sterne auseinanderstieben,
streuen sie wie Sporen die Elemente des Lebens.
Tod und Geburt.
Oder: Wiedergeburt aus dem Tod.
Sie sind wie Atomenergie – wir sehen sie dort oben –,
Energie, die die Rosen auf der Erde öffnet.
Welche Verwandtschaft gibt es zwischen den Sternen,
den Blumen und deinem Gesicht,
freundliches Mädchen, weißt du es denn?
Noch das Gas zwischen den Sternen
hat die gleiche Zusammensetzung wie eine Bakterie
und ein Mädchen.

ERNESTO CARDENAL

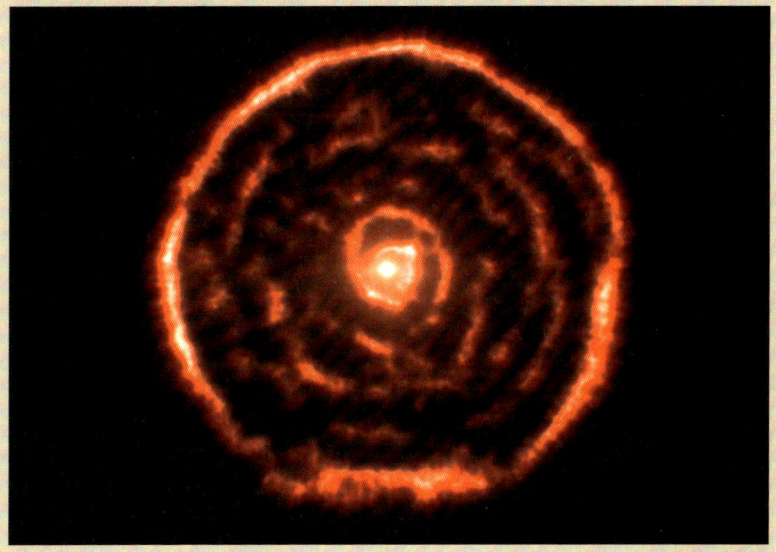

DER ROTE RIESENSTERN. R SCULPTORIS (ALMA (ESO/NAOJ/NRAO)/
M. MAERCKER ET AL.)

DAS
STAUNEN
EINES
PHYSIKERS

GIBT ES GRÜNDE FÜR
DIE VERWANDLUNG
VON TOTER MATERIE
ZU LEBEN?

»Jetzt sag du mal.« Was soll ich sagen? Diese überbordende
Lebendigkeit, wie du sie in deiner Erzählung über Sein und Werden
von Pflanzen- und Tierwelt entfaltet hast, spiegelt genau
das wider, für dessen Erkennen es manchmal Mikroskoplinsen
braucht: Lebewesen tun was, da ist immer was los, da wird
geboren und gestorben, da sind Werden, Sein und Vergehen. Aber
wo fangen diese Kreisläufe an? Woher kommt das alles – die
Materie, die Energie, die Kräfte, die auch in Lebewesen am Werk
sind, denn sie sind Teil der Natur? Gibt es Gründe für die Verwandlung von toter Materie zu Leben? Genau da kommt das
Universum als die ganz große Kulisse ins Spiel, der kosmische
Spielplan, auf dem sich auch die bezaubernde Vorstellung des
Lebens auf der Erde abspielt. Also hinauf ins Universum. Aber das
wird nicht einfach, denn wie heißt es so schön: *Per aspera ad
astra*, über raue Pfade steigt man hinauf zu den Sternen. Nehmen
wir unsere Traubenhyazinthe mit auf die Reise, wenigstens als
kleines Andenken an unseren von Leben nur so überschäumenden
Planeten. Der Weltraum ist nämlich ganz anders; er ist leer,
schwarz und abgründig. Ein totes Meer ohne Leben. Kann man
dann aus dem Universum überhaupt etwas über das Leben auf der
Erde lernen? Die Traubenhyazinthe ist ja offenbar nicht vom
Himmel gefallen, was soll sie denn mit dem Universum zu tun
haben? Betrachten wir die kleine blaue Blume einmal mit den
Augen eines Physikers, dann wird sofort offensichtlich, wie eng
sie mit dem Kosmos verwandt ist. Ja, wie sehr ihr Hiersein
mit der Geschichte des gesamten Universums zusammenhängt.

Sie fällt nicht auf, die kleine blaue Traubenhyazinthe. Sie drängt sich nicht ins Auge. Aber wenn man sie etwas genauer betrachtet, dann staunt man über ihre leuchtend blauen Blüten im strahlenden Sonnenlicht. Diese kleine Pflanze steht zwischen Himmel und Erde, und sie erzählt eine ganz alte, wunderbare und bemerkenswerte Geschichte – die Geschichte vom Universum.

Beginnen wir erst einmal mit dem Offensichtlichen: Einerseits braucht das blaue Blümlein die Sonne; es lebt nicht von Luft und Liebe, aber vom Licht des nächsten Sterns. Die Traubenhyazinthe verwandelt die Energie des Sonnenlichts in die chemische Energie von Zuckermolekülen. Dabei wird Sauerstoff frei, der in die Umgebung entweicht. Durch diese Lichtverarbeitung stellt die Blume genau die atmosphärischen Bedingungen her, die sie zum Überleben braucht. Sie muss nämlich von einem sauerstoffhaltigen Luftmeer umgeben sein, und sie muss vor der molekülzerstörenden Ultraviolettstrahlung der Sonne geschützt sein. Dies geschieht durch die in 20 bis 50 Kilometern Höhe liegende Ozonschicht. Ozon wiederum gibt es nur deshalb in der Erdatmosphäre, weil die Pflanzen über die Photosynthese Sauerstoff in die Luft abgeben. Die Traubenhyazinthe ist also ein Teil des großen Organismus, bestehend aus allen Pflanzen dieser Erde, der sich seine Lebensvoraussetzungen selbst schafft.

Licht ist die eine Lebensquelle; auf der anderen Seite ziehen die Wurzeln der blauen Blume Nährstoffe und Wasser aus dem Boden. Komplizierte Vorgänge im Innern der Zellen halten die Flüssigkeit in den Blättern, Stängeln und Blüten. Die Traubenhyazinthe muss richtig arbeiten, um zu überleben, denn die Schwerkraft der Erde zieht an ihr und dem Pflanzensaft, der, wenn er nicht gehalten wird, einfach wieder in die Erde sickert, von wo er kam. Dieses lebende Gebilde zwischen Himmel und Erde braucht Licht, Wasser und Nährstoffe. Solange es sich dies alles beschaffen kann, bleibt es am Leben.

Und jetzt zum weniger Offensichtlichen: Betrachten wir dieses bestaunenswerte Kunstwerk einmal genauer. Was haben wir da vor uns? Atome, die sich zu Molekülen verbunden haben, die Sonnenlicht verarbeiten und neue Atome in ihren Verbund aufnehmen. Das Leben der Pflanze ist davon abhängig, dass sich in ihr Atome zu

Molekülen verbunden haben, die sich ständig erneuern und weiterentwickeln können, vorausgesetzt, sie bekommen Energie und neue Atome, die sie in ihre Molekülverbände einbauen können. Das lebende Gebilde ist demnach eine äußerst dynamische Konstruktion aus Verbindungen ganz unterschiedlicher Atomarten. Es gibt Kräfte, die die Atome zwar zusammenhalten, die aber nicht so stark sind, als dass keine neuen Atome mehr eingebunden werden könnten. Durch ständigen Nachschub an Wasser und Mineralien erhält sich die Traubenhyazinthe den materiellen Grundstoff, um das Licht der Sonne zu verarbeiten. Die Pflanze wächst und gedeiht.

Aus diesen zunächst ganz schlichten Feststellungen ergeben sich für den neugierigen Beobachter viele Fragen: Woher kommen die Atome? Wieso verbinden sie sich zu Molekülen? Wie entsteht das Licht der Sonne, und wieso können die Blumen es zur Energiegewinnung nutzen? Wozu braucht die Pflanze Wasser und Luft? Woher stammen die Nährstoffe, die sie aus dem Erdboden aufnimmt? Wie entstand und entwickelte sich die Erde, und woher bekam sie ihr Wasser und ihre Atmosphäre? Wie entstand die Sonne?

Wir werden lernen, dass viele ihrer Atome schon uralt sind und nur wenige Minuten nach dem Beginn des Kosmos, vor ca. 14 Milliarden Jahren entstanden sind. Wir werden erfahren, dass unser Planet nicht immer so aussah wie heute und dass unter unseren Füßen immer noch Kräfte am Werk sind, die ihn auch weiterhin ständig verändern. Kurzum, die Traubenhyazinthe wird uns die Geschichte der Erde und des Kosmos erzählen, denn an ihrer Existenz sind verschiedene Kräfte beteiligt: die Schwerkraft, gegen die die Pflanze anwächst, die Kraft, die die Moleküle zusammenhält, und die Kraft, die die Sonne strahlen lässt. Allen Kräften ist gemeinsam, dass ihr Ursprung weit zurückreicht, sehr weit, bis an den Anfang des Universums. Sie sind fundamental, denn alle Vorgänge im All sind Balanceakte zwischen diesen Kräften. Diese Kraftakrobatik erzeugte Galaxien, Sterne, Planeten und eben auch Pflanzen, Tiere und Menschen. Begeben wir uns hinein in das kosmische Zirkuszelt, und schauen wir uns die seit 13,7 Milliarden Jahren andauernde Vorstellung einmal im Rückblick an. Viel Vergnügen!

DAS UNIVERSUM IST GROSS UND LEER

Ein Blick genügt, und wir sehen, vor allem nachts, was das Universum eigentlich ausmacht. Der Himmel über uns ist groß, sehr groß. Hier und da leuchtet ein Stern. Dazwischen ist offenbar fast nichts. Wenn da etwas wäre, würde das Licht der Sterne unsere Augen gar nicht erreichen, es würde vom Stoff zwischen den Sternen geschluckt werden.

Astronomen lesen das Licht der Sterne. Das Licht ist die kosmische Zeitung, es überbringt die Nachrichten von weit entfernten Welten, und zwar mit der höchstmöglichen Geschwindigkeit – mit Lichtgeschwindigkeit, das sind etwa 300.000 Kilometer pro Sekunde. Trotz dieser unvorstellbar großen Geschwindigkeit braucht das Licht selbst der allernächsten Sterne Jahre, um die Erde zu erreichen. Das Licht der Sterne und Galaxien ist immer schon die Zeitung von gestern. Es ist umso gestriger, je weiter die Sterne und Galaxien von der Erde entfernt sind.

Es gibt eigentlich keine treffenden Worte für die Größe und Leere des Alls. Die Abstände zwischen Sternen sind über alle Maßen ungeheuerlich und die zwischen Galaxien sind nachgerade absurd. Astronomen messen die Entfernungen zwischen den Sternen in Lichtjahren, das ist die Strecke, die das Licht in einem Jahr zurücklegt, knapp zehn Billionen Kilometer. Zwischen den Galaxien liegen unermesslich große Raumbereiche von Millionen und Milliarden von Lichtjahren, deren Weite unermesslich ist. Das Licht von Galaxien ist fast eine Ewigkeit unterwegs gewesen. Nur ein Teilchen pro Kubikmeter befindet sich im Mittel in diesem unvorstellbaren Kosmos. Das ist so gut wie überhaupt nichts. Nur mal eben zum Vergleich: In einem Kubikzentimeter Atemluft sind 100 Trillionen Teilchen. Das ganze Universum ist offenbar ein gewaltiges Meer der Leere, in dem hier und da Inseln aus Materie mit vielen Milliarden Sternen auftauchen. Um einige dieser Sterne kreisen Planeten, und auf einigen Planeten mag es Leben geben, auf manchen sogar Blumen und auf ganz wenigen auch staunende Betrachter. Und die fragen sich, wie das alles entstanden ist.

DER TAG OHNE GESTERN –
DER ANFANG DES UNIVERSUMS

Niemand war dabei, und trotzdem sind sich die Astronomen heute einig: Das Universum hatte einen Anfang, es war nicht schon immer da. Eine ziemlich ungeheure Vorstellung, dass das Universum vor seinem Beginn nicht da gewesen sein soll. Ganz automatisch taucht doch die Frage auf: Was war vor dem Anfang? Was war die Ursache für den Anfang? Und wenn es eine Ursache gab, was war ihre Ursache usw.? Das ist ein unlösbares logisches Problem, und doch lässt es uns nicht ruhen. War der Anfang von einem Schöpfer gewollt oder war er nur Zufall?

AM ANFANG DES UNIVERSUMS BERÜHREN SICH PHYSIK UND PHILOSOPHIE.

Am Anfang des Universums berühren sich Physik und Philosophie. Die Vorstellung der Astrophysiker vom Urknall als dem Anfang des Universums verzichtet auf jede philosophische Betrachtung, sie stützt sich vielmehr auf Beobachtungen von sehr weit entfernten Galaxien, die ähnlich wie unsere Milchstraße aus vielen Milliarden Sternen bestehen. Der Verzicht auf die Warum-Frage erlaubt den Naturwissenschaftlern, nach dem Wie zu fragen. Und wie war es nun?

Schauen wir uns im Universum um: Die Beobachtungen zeigen eindeutig, dass sich die Galaxien von uns entfernen, und zwar umso schneller, je weiter sie weg sind. Es ergibt sich ein ganz anschauliches Bild: Ähnlich wie ein frischer Hefeteig aufgeht, breitet sich der Raum zwischen den Galaxien aus. Die Galaxien sind Rosinen in diesem Teig, sie entfernen sich während des

Aufgehens voneinander. Die Astronomen sprechen davon, dass das Universum expandiert. Drehen wir gedanklich die Zeit sehr weit zurück, dann muss das Universum einmal sehr viel kleiner gewesen sein, und es muss auch ganz anders ausgesehen haben als heute. Dieses so gut wie unendliche, nahezu völlige Nichts, in dem heute hier und da Sterne und Galaxien leuchten, war ganz kurz nach seinem Beginn ein winziges Etwas, sehr heiß und sehr dicht.

Heute braucht das Licht unseres Muttersterns acht Minuten, um unsere Traubenhyazinthe mit den ersten wärmenden Strahlen zu versorgen. In den Anfängen des Kosmos aber waren die Distanzen zwischen den Masseverdichtungen offenbar wesentlich kleiner, die Materie wurde auf sehr viel engerem Raum zusammengepresst und war deshalb viel heißer, während es mittlerweile nur noch -271 Grad Celsius kalt ist. Je weiter wir in die Vergangenheit des Universums zurückgehen, umso heißer war es. Es hat Zeiten gegeben, in denen es sogar für Moleküle zu heiß war. Die Wärme-energie der Teilchen war einfach zu hoch, und jede Verbindung zwischen den Atomen löste sich sofort wieder auf. In der ersten Millionstel Sekunde war alles im Universum so heiß, dass sich die Teilchen wieder in Energie verwandelten. Und ganz am Anfang, was war da? Nur unheimlich viel Energie, sonst nichts. Ein äußerst gleichmäßig verteilter, strahlender Energiebrei erfüllte das winzige Universum.

Warum es nicht so blieb, sondern anfing, sich auszudehnen, können wir nur vermuten: Offenbar gab es winzige Schwankungen im Energiebrei, die es aus dem äußerst empfindlichen Zustand des Gleichgewichts brachten. So ähnlich verhält sich auch Wasser, das man sehr langsam unter null Grad abgekühlt hat. Normalerweise gefriert Wasser zu Eis, wenn die Temperatur unter null Grad Celsius fällt, wenn es aber ganz langsam abkühlt, bleibt es flüssig. Diesen Zustand nennt man »unterkühltes« Wasser, ein Zustand, in dem es eigentlich nicht sein dürfte. Genau deshalb ist es so emp-findlich, dass bereits eine winzige Schwankung der Luft an seiner Oberfläche das Wasser schlagartig gefrieren lässt.

Beim Übergang von flüssigem zu gefrorenem Wasser wird Energie frei, denn die eben noch frei beweglichen Wassermoleküle sind im nächsten Moment in Eiskristallen gefangen, und ihre überschüssige Bewegungsenergie verwandelt sich in Wärme.

Fast genauso, aber natürlich nicht wörtlich, war es am Anfang des Universums. Der Kosmos befand sich zunächst in einem »falschen« Zustand, so wie das unterkühlte Wasser. Deshalb haben ganz winzige Schwankungen der Energie schon ausgereicht, um es ausfrieren zu lassen. Die dabei frei gewordene Energie brachte das Universum zur Expansion. Dabei veränderte es sich drastisch – und beides geschieht bis heute.

Die mit der Ausdehnung des Universums einhergehende Abkühlung setzte verschiedene Prozesse in Gang. Je tiefer die Temperaturen fielen, desto mehr Teilchen tauchten aus dem Energiebrei auf, zwischen denen Kräfte wirksam wurden. Auf einmal war nicht mehr nur Strahlung da, sondern auch Materie.

WAS DIE WELT IM INNERSTEN ZUSAMMENHÄLT

Die vier fundamentalen Grundkräfte entstanden stufenweise: Zunächst gab es nur die Schwerkraft. Als die Temperatur immer weiter absank, tauchte die starke Kernkraft auf, die die winzigen Atomkerne zusammenhält. Ihr folgte die schwache Kernkraft, die für den radioaktiven Zerfall verantwortlich ist. Zuletzt entstand die elektromagnetische Kraft, die die Stabilität von Atomen und die Verbindung von Atomen zu Molekülen erst ermöglicht. Diese Kräfte sind natürlich auch heute noch wirksam, und sie wirken auch auf die schöne Gestalt und Lebenskraft unserer kleinen blauen Traubenhyazinthe.

Die elektromagnetische Kraft kennen Sie alle. Sie wirkt zwischen positiv und negativ geladenen Teilchen. Gleichnamige Ladungen stoßen sich ab, während sich ungleichnamige Ladungen anziehen. Atome bestehen aus positiv geladenen Atomkernen, die von negativ geladenen Elektronen umrundet werden. Die Stabilität von Atomen wird garantiert durch die gegenseitige Anziehung von Atomkern und Elektron. Auch die Verbindung von Atomen zu Molekülen beruht auf der elektromagnetischen Kraft; jede Verbindung entspricht dem Austausch von Elektronen, die schließlich gemeinsam von zwei oder mehreren Atomkernen gebunden werden. Ohne diese Kraft wären keine Moleküle möglich, und es gäbe weder den Betrachter der Hyazinthe noch die Pflanze selbst. Die elektromagnetische Kraft kann abgeschirmt werden, denn positive und negative elektrische Ladungen gleichen sich gegenseitig aus. Da im Kern eines Atoms die positiven Ladungsträger von der gleichen Anzahl negativ geladener Elektronen umgeben sind, sind Atome und auch deren Verbindungen, die Moleküle, insgesamt elektrisch neutral.

Die andere Grundkraft, die uns unmittelbar betrifft, ist die Schwerkraft. Sie ist viel schwächer als die elektromagnetische Kraft, aber sie ist trotzdem die Königin unter den Kräften, denn sie kann nicht abgeschirmt werden, es gibt keine Ladungen der Schwerkraft. Sie wächst mit der Menge der Teilchen. Je größer die Masse eines Objektes, desto stärker wird seine Schwerkraft. Sie regiert die Welt der ganz großen Massen, der Planeten, Sterne, Galaxien und Galaxienhaufen.

Die Schwerkraft der Erde hält die Atmosphäre ebenso fest wie auch die Traubenhyazinthe, sie kämpft immer gegen die Erdanziehung, da sie stets zum Licht der Sonne strebt.

Die beiden anderen Kräfte – starke und schwache Kernkraft – sind ganz anders: Sie wirken nur innerhalb der winzigen Atomkerne. Wäre ein Atom so groß wie ein Fußballstadion und würden die Elektronen sich auf der äußersten Reihe der Tribüne aufhalten, dann wäre ein Atomkern so groß wie ein Reiskorn am Anstoßpunkt. In diesem fast verschwindend kleinen Etwas konzentriert sich fast die gesamte Masse des Atoms in Form von Protonen und Neutronen. Protonen sind positiv geladen, Neutronen sind elektrisch neutral. In Atomkernen mit mehreren Protonen gibt es ein echtes Problem, denn gleichnamige Ladungen stoßen sich ab, und zwar umso stärker, je näher sich die Ladungen kommen. Deshalb muss innerhalb von Atomkernen eine Kraft auftreten, die viel stärker ist als die elektromagnetische Kraft. Diese sogenannte starke Kernkraft hält die Kerne gegen die elektromagnetische Abstoßung zusammen. Wir kennen die ungeheure Stärke dieser

Kernkraft nur zu genau, denn ihre Energie wird frei, wenn Atombomben explodieren.

Innerhalb von Atomkernen wirkt noch eine andere, deutlich schwächere Kernkraft, die für die Verwandlung von Neutronen in Protonen und auch den umgekehrten Prozess verantwortlich ist. Sie ist zwar sehr schwach, aber dennoch enorm wichtig, denn schließlich können sich Atomkerne nur durch radioaktiven Zerfall verwandeln. Und nur, weil diese Verwandlungen möglich sind, gibt es überhaupt die verschiedenen chemischen Elemente, aus denen die Traubenhyazinthe besteht.

Etwa eine Sekunde nach dem Beginn hatte das Universum sich so weit abgekühlt, dass alle Teilchen und Kräfte entstanden waren. Der Kosmos glich einem gigantischen Kernreaktor, in dem die beiden Kernkräfte für kurze Zeit dominierten. Es gab vor allem Protonen, Neutronen und Elektronen. Die freien, ungebundenen Neutronen waren instabil, und durch die schwache Kernkraft zerfielen sie in Protonen und Elektronen. Die starke Kernkraft sorgte dafür, dass nach zwei Minuten alle noch freien Neutronen in Atomkernen gebunden waren. Es hatten sich die ersten beiden Elemente des Periodensystems gebildet: Wasserstoff und Helium. Ein Wasserstoffkern besteht nur aus einem Proton, ein Heliumkern hingegen enthält zwei Protonen und zwei Neutronen. Helium entstand, weil Wasserstoff und freie Neutronen miteinander verschmolzen, was nur bei sehr hohen Temperaturen und großem Druck passieren kann. Nach drei Minuten war diese erste Phase beendet. Das expandierende Universum war bereits so stark abgekühlt, und die Dichte der Teilchen sowie auch ihre Temperatur waren so sehr gesunken, dass keine größeren Elemente mehr entstehen konnten. Das Universum hatte nun folgenden Zustand erreicht: Es bestand aus der vom Anfang übrig gebliebenen Strahlung und den negativ geladenen Elektronen, die sich frei zwischen den positiv geladenen Wasserstoff- und Heliumkernen bewegten. Drei von vier Atomkernen waren Wasserstoff, der vierte war Helium. Elektronen und Atomkerne schwammen in einem Meer von Strahlung.

DIE LANGWEILIGSTEN 400.000 JAHRE IM UNIVERSUM

Und jetzt begannen die langweiligsten 400.000 Jahre des Kosmos. Strahlung, Atomkerne und Elektronen waren ganz eng miteinander verwoben, sie stießen ständig zusammen. Das expandierende Universum kühlte sich währenddessen ständig weiter ab, und die Dichte von Strahlung und Materie verringerte sich ebenfalls. Jede noch so geringe Verdichtung von Teilchen wurde durch die Zusammenstöße mit der Strahlung sofort ausgeglichen. Jeder Gasklumpen löste sich wie ein Eisklumpen in kochendem Wasser sofort wieder auf. Das ganze Universum war durchsetzt von einem gleichmäßig verteilten Gas aus Atomkernen und Elektronen. Es gab keinerlei Dichteunterschiede, und es gab schon gar keine Galaxien oder Sterne. Erst, als die Temperatur des Universums von einigen Milliarden Grad auf etwa 4000 Grad gesunken war, passierte wieder etwas: Strahlung und Materie trennten sich.

STRAHLUNG UND MATERIE TRENNEN SICH – DIE GRAVITATION REGIERT

Nach den langweiligen ersten 400.000 Jahren hatte sich das Universum so weit abgekühlt, dass die Bewegungsenergie der bis dahin frei beweglichen negativ geladenen Elektronen nicht mehr ausreichte, um sich der Anziehungskraft der positiv geladenen Wasserstoff- und Heliumkerne zu entziehen. Die Atomkerne fingen die Elektronen ein, und es bildeten sich zum ersten Mal neutrale Atome. Jede Pflanze enthält Wasser, die Verbindung aus zwei Wasserstoffatomen (H) und einem Sauerstoffatom (O) – H_2O. Jedes Wasserstoffatom in einem Wassermolekül ist uralt, und so besteht die kleine blaue Traubenhyazinthe zu großen Teilen aus Atomen, die in den ersten drei Minuten des Universums entstanden sind. Könnten sie uns nur etwas erzählen über all die Organismen, in denen sie schon waren, was wären das für unglaubliche Geschichten! Woher der Sauerstoff kommt, davon später.

DIE KLEINE BLAUE
TRAUBENHYAZINTHE
BESTEHT AUS ATOMEN,
DIE IN DEN ERSTEN DREI MINUTEN
DES UNIVERSUMS
ENTSTANDEN SIND.

Nach 400.000 Jahren bestand das Universum also aus Atomen und Strahlung. Diese Aufspaltung hatte enorme Konsequenzen für die weitere Entwicklung der Materie, denn die enge Verbindung mit der Strahlung löste sich auf, es sollte sie nie wieder geben. Die Lichtteilchen fanden in der Materie keine Stoßpartner mehr. Die Elektronen waren von den Atomkernen eingefangen worden, und die Strahlung hatte keinen Kontakt mehr mit der Materie. Die Temperaturen von Strahlung und Materie entwickelten sich völlig unterschiedlich. Während sich die Strahlungstemperatur gemäß der fortwährenden Expansion gleichmäßig verringerte, bestimmt die Dichte der Materie bis heute ihre Temperatur. Nun, da Strahlung und Materie voneinander entkoppelt waren, kam es zu den ersten Verdichtungen. Aber wie kann sich Materie verdichten, während sich der Raum im Universum ständig ausbreitet? Genau hier wird es richtig spannend, denn schließlich geht es um nichts Geringeres als den Geburtsort von Galaxien.

DIE MATERIE ORGANISIERT SICH

Zu dieser Zeit entschied sich das Schicksal des Universums. Wir stehen hier vor einer wichtigen Gabelung auf dem Weg zur Traubenhyazinthe und ihren staunenden Bewunderern; denn die

Entstehung der Galaxien war ein Spiel auf Messers Schneide. Galaxien entstehen, weil Gaswolken unter ihrem eigenen Gewicht zusammenfallen. Dies kann aber nur dann passieren, wenn die Expansion des Raumes langsam genug vonstattengeht. Eine zu schnelle Expansion hätte die Dichte schneller verringert, als die Schwerkraft sie hätte erhöhen können. Das war damals schon ein echter Wettbewerb, den die Schwerkraft an manchen Orten im Universum gewonnen hat, sonst gäbe es heute keine Materieverdichtungen und damit auch keine Galaxien. Aber das passierte eben nicht überall im Weltraum. Nur dort, wo die Materiedichte wirklich nennenswert war, bildeten sich Galaxien. Nur dort war die Schwerkraft stark genug. Jetzt begann sich die anfänglich überall fast gleichmäßig verteilte Materie zu organisieren. Die Materieverdichtungen zogen mehr und mehr Gas zu sich heran, das Universum entleerte sich deshalb zunehmend, und es bildeten sich Materieinseln, die immer weiter durch ihre eigene Schwerkraft anwuchsen. Und wieso konnten die Materieverdichtungen weiter anwachsen?

DIE STERNENTSTEHUNGSREGION RCW 34. (ESO)

Die Dichte erhöht sich, weil Gas sich durch die Abgabe von Energie mittels Strahlung von ganz allein abkühlt. Eine geringere Temperatur verringert auch den Druck der Materie, wodurch sich die Kräftebalance zwischen Schwerkraft und Druck zugunsten der Schwerkraft verändert. Das kühle Gas fällt immer tiefer in das Schwerkraftfeld hinein.

Durch das Wechselspiel von Schwerkraft und Strahlung konnte sich die Materie endgültig zu Galaxien verdichten, und das expandierende Universum hatte verloren. Das Ergebnis ist ein Weltraum, wie wir ihn auch heute noch beobachten: riesige Leerräume, an deren Rändern Galaxien zumeist in regelrechten Haufen versammelt sind. Damals hat sich die Materie von der allgemeinen Expansion des Universums förmlich abgenabelt. Ein wichtiger Schritt hin zu Sternen und Planeten und damit auch zu den wichtigsten Voraussetzungen für Lebewesen war geschafft, denn nun begann etwas ganz Neues: Die Materie verwandelte sich – die ersten Sterne begannen zu leuchten, und mit ihnen setzte sich etwas in Gang, das die Geschichte des Universums um ein neues Kapitel bereicherte: die Erzeugung lebenswichtiger Elemente (z.B. Kohlenstoff, Sauerstoff und Stickstoff).

STERNE UND KERNE – DIE KOSMISCHE ELEMENTEKÜCHE

Nach rund 20 Millionen Jahren hatte die Königin der Kräfte, die Gravitation, das Regiment vollständig übernommen, und der Weg zu den Sternen war frei. Sterne sind nichts anderes als riesige leuchtende Gaskugeln. Die Sonne zum Beispiel, für die Lebewesen auf der Erde zwar der wichtigste Stern überhaupt, im Vergleich mit anderen Sternen aber ein ziemlich durchschnittlicher Vertreter, wiegt 300.000-mal so viel wie die Erde. Es gibt Sterne, die sind 100-mal schwerer als die Sonne, aber auch Leichtgewichte, die nur etwa ein Zehntel Sonnenmasse besitzen. Aber jeder Stern, ganz gleich wie schwer er ist, ist das Ergebnis eines Kräftegleichgewichts zwischen Schwerkraft und Gasdruck. Die Schwerkraft zieht die Materie zum Zentrum des Gasballs, während der Druck das Gas nach außen drückt. Sterne entstehen, weil Gaswolken zunächst durch ihr eigenes Gewicht zusammenfallen. Dabei wird das Gas immer mehr verdichtet, bis es sich, man kann es so beschreiben, entzündet. Der Kollaps durch die eigene Schwerkraft ruft eine Kraft auf den Plan, die nur dann wirkt, wenn sich Atomkerne sehr nahe kommen. Im Zentrum eines sich gerade formenden Sterns wird das Gas so dicht gepackt, dass es sich immer mehr aufheizt. Die Atome lösen sich in positiv geladene Kerne und negativ geladene Elektronen auf. Ein Stern besteht aus einem dichten und heißen Gemisch von Ionen und Elektronen, und in ihnen passiert etwas, das zunächst dem gesunden Menschenverstand widerspricht: die Verschmelzung von Atomkernen – die Kernfusion. Sie verdient genauere Betrachtung, denn sie erzeugt alle chemischen Elemente, die schwerer sind als Helium. Diese Erkenntnis der Astronomen ist deshalb so wichtig, weil sie erklärt, wie die Sterne die Elemente erzeugen, aus denen die Traubenhyazinthe und der staunende Betrachter bestehen. Beide, Pflanze und Mensch, bestehen zu 92 Prozent aus Sternenstaub.

BEIDE, PFLANZE UND MENSCH, BESTEHEN ZU 92% AUS STERNENSTAUB.

In der frühen Phase des Universums gab es erst einmal nur zwei Elemente: Wasserstoff und Helium. Zu schwereren Elementen hat es damals nicht kommen können, denn das Universum war aufgrund seiner Expansion zu kalt und seine Dichte zu gering geworden, um noch weitere, schwerere Atomkerne, wie Kohlenstoff und Sauerstoff, aufzubauen. Schauen Sie sich doch einmal um: Alles um Sie herum besteht aus Atomen, die viel schwerer sind als das Gas Helium. Vieles besteht aus Kohlenstoff, Sauerstoff und Stickstoff, das Buch, das Sie gerade lesen, besteht ebenfalls aus diesen Atomen, womöglich mit Beimischungen von noch schwereren Elementen, wie Mangan, Kobalt und Chlor für die Druckerschwärze. Es gibt Metalle wie Eisen, Kupfer und Gold. Und wie oben schon erwähnt, bestehen Sie, ich und die Traubenhyazinthe aus Kohlenstoff, Stickstoff, Sauerstoff, Wasserstoff, Phosphor, Eisen, Calcium, Zink, Selen und etlichen anderen Elementen. Atome unterschiedlichster Art, wohin man blickt; alle sind viel schwerer als Helium, und alle werden in Sternen erbrütet. Wie sagte Novalis einmal: »Einen Körper berühren ist wie den Himmel berühren.« Wir wissen heute, wie recht er damit hatte.

Vor den ersten Sternen gab es also nur Wasserstoff und Helium. Auch heute, fast 14 Milliarden Jahre nach dem Anfang, besteht das Universum immer noch zu 99 Prozent aus diesen beiden Elementen – zu drei Vierteln aus Wasserstoff und zu einem Viertel aus Helium. Die schwereren Elemente spielen mengenmäßig keine Rolle, aber wenn man bedenkt, dass aus diesen Elementen Lebewesen aufgebaut sind, dann bekommen sie eine enorme Bedeutung.

Das Elementerezept der Küche eines Sterns beginnt mit der Verschmelzung von Wasserstoff zu Helium, was nur logisch ist, denn schließlich ist Wasserstoff das kleinste und häufigste Element. Ein Wasserstoffkern besteht nur aus einem Teilchen, dem positiv geladenen Proton. Aus vier Wasserstoffkernen entsteht in mehreren Schritten ein Heliumkern, wobei sich zwei Protonen in elektrisch neutrale Neutronen verwandeln. Die Fusion ist ziemlich merkwürdig, denn Protonen haben die gleiche elektrische Ladung, sie sind positiv geladen. Aber hat man uns in der Schule nicht eingebläut, dass sich gleichnamige Ladungen abstoßen? Wie kann es also überhaupt zu einer Verschmelzung dieser Protonen kommen? Es gibt eine Kraft, die diese Abstoßung überwindet: die starke Kernkraft. Wenn die Protonen sich sehr nahe kommen, geraten sie in den Einflussbereich genau dieser Kraft. Sie greift sich die Teilchen und zwingt sie zu einem Atomkern zusammen. Aufgrund einer weiteren Kraft, der schwachen Kernkraft, verwandelt sich eines der beiden Protonen in ein ungeladenes Neutron. Das Tollste aber ist, dass bei der Bildung des Atomkerns durch die Kernkraft Energie frei wird: die sogenannte Bindungsenergie. Sie entspricht der Energie, die man aufwenden muss, um den entstandenen Atomkern wieder in seine Bestandteile zu zerlegen. Bei der Verschmelzung von Wasserstoff zu Helium wird sehr viel Energie frei. Unsere Sonne zum Beispiel strahlt seit viereinhalb Milliarden Jahren, wodurch sie Energie verliert. Nach Einsteins berühmter Formel aber ist Energie gleich Masse multipliziert mit dem Quadrat der Lichtgeschwindigkeit. Die frei werdende Bindungsenergie entspricht also einem Verlust an Masse. Die Sonne verschmilzt pro Sekunde 600 Millionen Tonnen Wasserstoff zu gut 595 Millionen Tonnen Helium. Die Differenz von genau 4,27 Millionen Tonnen verliert unser Mutterstern pro Sekunde in Form von Strahlung.

DAS **LICHT** DER **SONNE** WIRD IN SAUERSTOFF UND ZUCKER VERWANDELT – EINE WAHRHAFT **KOSMISCHE** VERBINDUNG ZWISCHEN **SONNE** UND **PFLANZE**.

In seinem Zentrum stößt diese Strahlung zunächst auf die Teilchen im umgebenden Plasma. Die Strahlung übt einen Druck aus, der das Plasma gegen sein eigenes Gewicht stabilisiert. Bei jedem Zusammenstoß verlieren die Strahlungsquanten Energie an die Teilchen, die aufgeheizt werden. Weil die Strahlung sehr stark durch das Plasma in ihrer direkten Ausbreitung behindert wird, braucht sie vom Zentrum bis zur Oberfläche des Gestirns ca. 100.000 Jahre. Sie startet als Gammastrahlung im Zentrum des Sterns. Durch die vielen Zusammenstöße verliert die Strahlung Energie an die Teilchen. Wenn sie dann endlich die Oberfläche des Sterns erreicht, ist sie nur noch sichtbares Licht. Mit anderen

Worten: Bei ihrem Weg durch den Stern verliert die im Zentrum freigesetzte Strahlung praktisch ihre gesamte Anfangsenergie, und nur ein winziger Bruchteil wird schließlich abgestrahlt. Danach geht alles ganz schnell, das Licht benötigt nur acht Minuten bis zur Erde. Dort wird es zum Beispiel von den Blättern unserer kleinen blauen Traubenhyazinthe aufgenommen, um die Photosynthese in Gang zu setzen. Das Licht der Sonne wird in Sauerstoff und Zucker verwandelt. Eine wahrhaft kosmische Verbindung vom Licht des Sterns zur blühenden Pflanze auf der Erde. Doch zurück zu den Kernen und Sternen.

MENSCH UND ALL

Ich aß und trank in jeder Speise
Die Sonne selbst, die ihren Strahl
Umwandelt auf geheime Weise
Zu Wein und Brot beim Erdenmahl.

In meiner Brust die Atemwelle
Lief durch den ganzen Lebensstrom.
In meines Leibes letzter Zelle
Fehlt von Gestirnen kein Atom.

FRANZ WERFEL

DAS LEBEN EINES STERNS

Alles hat ein Ende, und so wird auch der gesamte Wasserstoff im Zentrum eines Sterns irgendwann in Helium verwandelt sein. In unserer Sonne wird die Wasserstoffverschmelzung noch mehr als vier Milliarden Jahre anhalten (insgesamt scheint sie etwa zehn Milliarden Jahre lang), da die Verbrennung von Wasserstoff zu Helium sehr ineffizient ist. Nur einer von einer Trillion (10^{18}) Zusammenstößen ist erfolgreich. Aber genau diese geringe Effizienz garantiert unserer Sonne ein langes Leben. Auch wenn die

Phase des Wasserstoffbrennens die längste unter allen Brennstufen eines Sterns ist, irgendwann ist es so weit: Der Wasserstoff im Zentrum ist verbraucht. Danach geht alles sehr schnell, denn nun gerät der Stern in eine Krise, eine regelrechte Energiekrise. Bisher hat die beim Fusionsprozess frei werdende Energie das Sternengas so stark aufgeheizt, dass es sich gegen seine eigene Schwerkraft »wehren« konnte. Nun aber fehlt diese Energiequelle, und die Schwerkraft regiert ganz allein in der leuchtenden Gaskugel. Sie lässt die Kugel unter ihrem eigenen Gewicht zusammenfallen, und Dichte und Temperatur im Zentrum steigen an. Bei genügend hohem Druck wird gewissermaßen der »zweite Gang« der Kernfusion eingelegt: Es beginnt die Verschmelzung der Heliumkerne vor allem zu Kohlenstoff und Sauerstoff. Und wieder verhindert die Energie, die bei diesem Prozess frei wird, die weitere Kontraktion des Zentrums und stabilisiert den Stern erneut. Diesmal dauert es aber nur einige Millionen Jahre, bis auch der Heliumvorrat im Zentrum verbraucht ist.

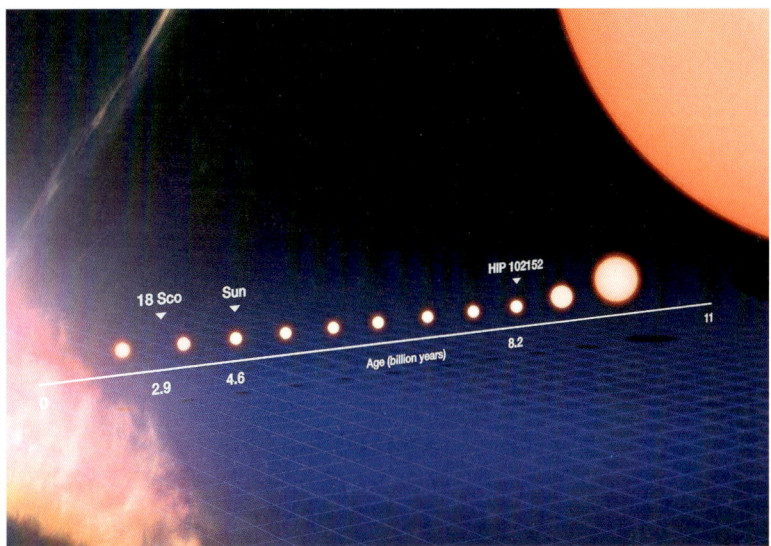

DER ENTWICKLUNGSWEG EINES SONNENÄHNLICHEN STERNES BIS HIN ZUM ROTEN RIESEN. (ESO/M. KORNMESSER)

Was von nun an im Stern passiert, hängt von seiner Masse ab. Die Sternmasse bestimmt nämlich die Geschwindigkeit, mit der die

Elemente verschmolzen und verbraucht werden. Eine höhere Masse drückt stärker auf den zentralen Glutofen und erhöht so die Verschmelzungsrate. Ist ein Stern nur so schwer wie die Sonne, wird es keine weiteren Brennphasen geben. Größere, schwerere Sterne verbrauchen ihren Brennstoffvorrat viel schneller als leichtere kleinere Sterne. Zum Beispiel wird ein Stern, der doppelt so schwer wie die Sonne ist, nur eine Milliarde Jahre alt. Es gibt sogar Sterne, die 50- bis 100-mal schwerer sind als die Sonne, die werden aber nur wenige Millionen Jahre alt.

EIN WEISSER ZWERG IM PLANETARISCHEN NEBEL FLEMING 1. (AUFGENOMMEN VOM VERY LARGE TELESCOPE DER ESO. ESO/H. BOFFIN)

Für die Sonne ist hingegen nach dem Heliumbrennen alles zu Ende, sie wird in sich zusammenfallen und als sehr heiße, nur wenige Tausend Kilometer große Materiekugel langsam auskühlen. Bei schwereren Sternen geht die Elementschmiede aber munter weiter. Immer wieder bricht der Brennvorgang im Zentrum zusammen, wieder und wieder verdichtet sich der Kern des Sterns, wird heißer und zündet neue Verschmelzungsprozesse. Jedes Mal beschleunigt sich die Entwicklung. Es entstehen zum Beispiel Magnesium, Neon, Silizium, Schwefel und am Ende sogar eine Eisenkugel im Kern. Die letzten Fusionsprozesse dauern nur noch wenige Stunden. Nach dieser Phase ist aber erst einmal Schluss. Bis zum Element Eisen verläuft jede Fusionsreaktion exotherm, d.h. es wird Energie frei, und deshalb verlaufen diese Prozesse auch von ganz allein – ohne Einflüsse von außen.

JEDER EXPLODIERTE STERN IST EIN SPRING-BRUNNEN, DER DEN GROSSEN GALAKTISCHEN MATERIEKREISLAUF MIT ANTREIBT.

Die letzten Minuten im Leben eines Sterns verlaufen dann sehr dramatisch: Silizium verschmilzt zu Eisen. Es wird immer weniger Energie in Strahlung umgesetzt. Fast alle Energie geht in Teilchen, die mit annähernder Lichtgeschwindigkeit nach außen drängen. Währenddessen aber fallen bereits die äußeren Gashüllen in Richtung der versiegenden zentralen Energiequelle. Sie prallen mit dem vom Eisenkern kommenden Teilchenwind zusammen und werden nach außen geschleudert – der Stern explodiert, er wird förmlich zerfetzt. Seine übrig gebliebenen Hüllen rasen mit mehreren Tausend Kilometern pro Sekunde durch den Stern ins interstellare Medium hinaus. Noch viele Hunderttausend Jahre später sind die Relikte einer solchen Sternexplosion im Weltall zu beobachten. Während dieser letzten Phase des Sterns, kurz vor und während der Explosion, werden alle Elemente, die schwerer als Eisen sind, im Stern erzeugt. Ein winziger Anteil der Explosionsenergie wird aufgebracht für die Synthese von Gold, Silber, Blei. Die mit diesen und allen anderen möglichen Elementen angereicherten Gashüllen des Sterns rasen ins Weltall und reichern ihrerseits das Gas zwischen den Sternen mit diesen schweren Elementen an. Jeder explodierte Stern ist ein Springbrunnen, der schwere Elemente in das Gas zwischen den Sternen hineinsprudelt und den großen galaktischen Materiekreislauf mit antreibt.

DER KREBSNEBEL, RELIKT DER BEKANNTESTEN SUPERNOVA. SIE EXPLODIERTE AM 4. JULI 1054 UND WAR SO HELL, DASS SIE IN CHINA DREI TAGE LANG AM TAGHIMMEL BEOBACHTET WERDEN KONNTE. (ESO)

DAS GLEICHGEWICHT DER KRÄFTE

Ein paar Bemerkungen seien dem Physiker an dieser Stelle erlaubt, denn sonst geht vielleicht etwas Wesentliches in dieser rasanten Zirkusvorstellung der Materie unter. Erinnern Sie sich noch an die Wirkungen der am Lebenslauf eines Sterns beteiligten Kräfte? Die Schwerkraft ist die schwächste unter allen Kräften im Universum. Dieser Schwäche verdanken wir viel, vielleicht sogar alles. Denn wäre die Schwerkraft nicht so schwach, dann wären Sterne nicht so unermesslich groß. In einem Stern müssen mindestens – für das menschliche Ermessen nicht mehr vorstellbare – 10^{54} Kernbausteine zusammenkommen, damit seine Schwerkraft groß genug wird, um ihn unter seinem eigenen Gewicht zusammenfallen zu lassen. Nur so kann im Inneren ein so hoher Druck entstehen, dass er die für die Verschmelzung von Kernen notwendige Temperatur und Dichte hervorruft. Wäre die Schwerkraft etwas stärker, würden schon viel weniger Atome ausreichen, um aus einer Gaskugel einen Stern zu machen. Eine kleinere Gaskugel kann nicht so lang strahlen wie eine große. In einem Universum mit stärkerer Schwerkraft kann es keine Planeten geben, auf denen lange genug Zeit ist, damit sich Leben in vielen Stufen – von Einzellern über Pflanzen und Tiere bis hin zum Menschen – entwickeln kann. Die Energie spendenden Sterne würden gar nicht so lange existieren.

Ähnliche Überlegungen sind auch für die anderen Kräfte interessant: Ein Stern ist das Ergebnis konkurrierender Kräfte, vor allem der Schwerkraft des Sterns und des Strahlungsdruckes, der durch die Kernfusionsprozesse im Zentrum des Sterns entsteht. Die Effizienz der Kernfusion hängt aber von der Stärke der Kernkraft und der elektromagnetischen Kraft ab, sie wirken praktisch gegeneinander. Die eine greift zu, wenn sich die Protonen sehr nahe kommen, und verbindet sie mithilfe der schwachen Kernkraft zu einem neuen Atom. Die andere sorgt dafür, dass sich Protonen nur sehr selten zu nahe kommen, indem sich die gleichnamigen Ladungen abstoßen. Wäre die elektromagnetische Abstoßung nur um ein Winziges schwächer, würden viel mehr Atomkerne miteinander verschmelzen und der Brennstoff des Sterns wäre in wesentlich kürzerer Zeit verbrannt. Eine stärkere Kernkraft hätte eine raschere Verschmelzung von Atomkernen zur Folge, und wieder wäre der Stern schneller ausgebrannt. Schon nur leicht veränderte Kräfte hätten zur Folge, dass es kein Leben gäbe, weder hier noch anderswo. Nur das ausgewogene Wechselspiel der Kräfte macht Sterne zu den sehr langlebigen Energiespendern für Leben jeglicher Art, so auch für unsere Traubenhyazinthe.

Natürlich muss man sich nicht darüber wundern, dass die Katze dort die Löcher im Fell hat, wo die Augen sind. Aber interessant ist es schon zu verstehen, wie die vier fundamentalen physikalischen Kräfte miteinander kooperieren. Die physikalische Welt zeichnet sich durch eine enorme Abstimmung aus – sie ist sehr fein austariert. Da greift ein Rädchen exakt ins andere.

Doch nun wieder zurück ins kosmische Zirkuszelt, die Vorstellung geht weiter. In der nächsten Abteilung sehen wir einen gewaltigen Materiekreislauf am Werk: Die Galaxien entwickeln sich.

DIE PHYSIKALISCHE WELT ZEICHNET SICH DURCH EINE ENORME ABSTIMMUNG AUS, SIE IST SEHR FEIN AUSTARIERT. DA GREIFT EIN RÄDCHEN EXAKT INS ANDERE.

VON EXPLOSIONEN, STERNLEICHEN UND DEM GROSSEN KREISLAUF DER ELEMENTE

Bevor wir das Leben und Sterben eines Sterns und seine Verbindung mit den Lebewesen auf der Erde physikalisch nüchtern erörtern, soll ein Dichter zu Wort kommen, Ernesto Cardenal. Wenn Sie zurückblättern zu Seite 100, finden Sie seinen »Cantico Cosmico«, in dem er den Materiekreislauf des Kosmos poetisch darstellt.

Dieses Gedicht enthält in wunderbaren Worten bereits alles, was ich Ihnen jetzt als Physiker sagen will: Alle Lebewesen, egal ob Bakterie oder Blume, Mädchen oder Mann, sind Sternenstaub. Und das kommt so:

Wie bereits erwähnt, sind nicht alle Sterne gleich, es gibt große und kleine. Die großen leben schnell, sind sehr heiß, verbrennen ihren Wasserstoffvorrat sehr schnell, und sie explodieren als Supernova. Von diesen Sternen, die wesentlich schwerer als die Sonne sind, gibt es in der Milchstraße relativ wenige. Supernova-Explosionen treten ungefähr alle 50 Jahre einmal in der Milchstraße auf. Die überwiegende Mehrheit der Sterne ist kleiner und leichter als die Sonne. Sie leben viel länger als die Sonne und erzeugen auch nur wenige Elemente, denn ihre Masse kann im Zentrum keinen ausreichend hohen Druck für die fortgeschrittenen Brennphasen erzeugen. Meistens ist nach der Verschmelzung von Helium zu Kohlenstoff und Sauerstoff Schluss. Die kleinen Sterne glühen dann einfach aus. So wird mit der Zeit immer mehr Gas in Sterne verwandelt, und da die meisten Sterne einfach verlöschen, nimmt der Gasvorrat einer Galaxie ständig ab. Die riesigen Sterne jedoch sind zwar nicht sehr zahlreich, aber besonders nützlich, denn sie reichern durch ihre Explosionen am Ende ihres Lebens das Medium zwischen den Sternen mit neuen, schweren Elementen an und treiben so den gewaltigen Kreislauf der Materie an. Nach der Explosion kühlt das heiße Gas im Weltraum ab, und neue Gaswolken bilden sich. Die Gasmasse der neuen Wolken wächst so lange an, bis sie wiederum unter ihrer eigenen Schwerkraft zusammenbricht – aus Alt wird Neu. In einer kosmi-

schen Gaswolke entstehen immer viele neue Sterne, und zwar
wenige große und viele kleine. Die großen Sterne explodieren und
reißen mit ihren davonrasenden Überresten die noch verbliebene
Gaswolke auseinander. Manchmal passiert es aber auch, dass
Supernova-Explosionen durch ihre Druckwellen eine benachbarte
Gaswolke so stark verdichten, dass dort die Wolken kollabieren
und sich neue Sterne bilden. Sternentod und Sternengeburt
können also ganz nahe beieinanderliegen. Und immer werden die
jüngeren Gaswolken mehr schwere Elemente enthalten als die
älteren. Die alte Sternengeneration gibt die schweren Elemente an
die jüngeren weiter.

DIE SPIRALGALAXIE NGC 1232 (ESO)

In einer Scheibengalaxie wie unserer Milchstraße vollzieht sich
dieser Materiekreislauf vor allem in der Scheibe und dort überwiegend in den Spiralarmen. In ihrem Zentrum ist die Schwerkraft
der Milchstraße am höchsten. Hier sammelte sich von Anfang an
das meiste Gas, und deshalb konnten sich sehr viele Sterne auf
einmal bilden. Mit zunehmender Entfernung vom Zentrum der
Scheibe nimmt die Gasdichte ab. Hier ging es mit der Sternentste-
hung erst los, als sich genügend Gas angesammelt und verdichtet

hatte, dass sich große Wolken bilden konnten, die dann zusammenfielen und zu Sternen wurden. Den Mechanismus zur Wolkenbildung in galaktischen Scheiben kann man mit den Staus auf der Autobahn vergleichen. An manchen Stellen ist der Verkehr auf den Autobahnen oft dichter als an anderen. Das hängt mit den unterschiedlichen Geschwindigkeiten der einzelnen Autos zusammen, es gibt schnelle und langsame Fahrer. Wenn ein langsames Auto auf die linke Spur fährt, um ein noch langsameres Gefährt zu überholen, dann müssen die ganz schnellen Fahrzeuge abbremsen. Der Verkehr links wird für kurze Zeit dichter und zwar so lange, bis das langsame Auto zurück auf die rechte Spur gewechselt ist. Solche Verkehrsverdichtungen werden umso häufiger und langlebiger, je dichter der Verkehr ist oder je größer die Geschwindigkeitsunterschiede zwischen den Fahrzeugen sind. Irgendwann wird eine Verdichtung zum Stau. Spiralarme sind die ewigen Staus im Kreisverkehr der sich um die eigene Achse drehenden Galaxie.

IN DER ROTIERENDEN SCHEIBE UNSERER **MILCH-STRASSE** VOLLZIEHT SICH EIN GIGANTISCHER KREIS-LAUF DER **MATERIE** – INNERHALB VON 50 MILLIONEN JAHREN ENDET EIN ZYKLUS.

In der rotierenden Scheibe einer Galaxie wie unserer Milchstraße vollzieht sich durch Gasverdichtungen und Sternexplosionen ein gigantischer Kreislauf der Materie. Innerhalb von 50 Millionen

Jahren endet ein Zyklus dieses Kreislaufs. Unsere Milchstraße ist rund dreizehn Milliarden Jahre alt, sie hat also schon viele Zyklen des Materiekreislaufs durchlaufen. Immer wieder haben sich neue Sterne gebildet, wovon einige dem interstellaren Gas ihre mit schweren Elementen angereicherten Hüllen in gewaltigen Explosionen zurückgegeben haben. Wie Springbrunnen mit ihren Fontänen Wasser verteilen, so haben die Explosionswolken der Supernovae ihre Hüllen in die galaktischen Scheiben regnen lassen. Seit vielen Milliarden Jahren wird auf diese Weise Materie umverteilt und in Millionen von Sternen immer wieder aufs Neue durch die Elementeschmiede der Kernverschmelzung geschickt. Sternengeneration auf Sternengeneration verändert die Milchstraße, verarbeitet ihr Gas und reichert es immer mehr an.

Lesen Sie jetzt noch einmal das Gedicht von Ernesto Cardenal auf Seite 100 und erkennen Sie die tiefe Wahrheit, die darin steckt.

Übrigens, unsere Sonne ist erst viereinhalb Milliarden Jahre alt. Als Nachfolgerin von etlichen Sterngenerationen besteht sie zwar überwiegend aus Wasserstoff und Helium, enthält aber auch schwerere Elemente, die sie von anderen, bereits lange vor ihrer Zeit explodierten Sternen übernommen hat. Bis zur Entstehung der Sonne hat die Milchstraße fast zehn Milliarden Jahre gebraucht – ein langer Weg.

VON DEN GESETZEN DER NATUR – WIE IM HIMMEL, SO AUF ERDEN

Bevor wir jetzt weiter durch die Geschichte des Kosmos stürmen, sind vielleicht einige Bemerkungen über das Tun und Treiben der Naturwissenschaftler hilfreich.

Was machen Wissenschaftler eigentlich, die sich mit der Natur beschäftigen? Welche Methoden verwenden sie und wie ziehen sie Erkenntnisse aus der Natur? Naturwissenschaft war lange Zeit experimentelle Philosophie, die Suche nach dem Schöpfer und den ewigen Urgründen allen Seins, Naturwissenschaft wollte auch

»Sinn stiften«. Seit der Aufklärung hat sie sich weltanschaulich sehr entschlackt. Die Naturwissenschaften erklären die Natur nicht mehr innerhalb eines umfassenderen, religiös gedeuteten Weltbildes, sondern verzichten völlig auf jede Art von metaphysischen Fragestellungen. Die modernen Wissenschaften von der Natur sind reine Beschreibungswissenschaften, die keinerlei Deutungsansätze enthalten. Trotz dieser drastischen »Entphilosophierung« können sie nicht auf die Philosophie verzichten, denn sie verwenden Begriffe, Methoden und Hypothesen, die sich nur außerhalb ihrer selbst, also transwissenschaftlich und somit nur auf der philosophischen Ebene diskutieren lassen. Einer dieser Begriffe ist das Naturgesetz und eine dieser Annahmen betrifft die universelle Gültigkeit der Naturgesetze. Schauen wir hier einmal genauer hin.

DIE NATURWISSEN-SCHAFTEN BIETEN KEINERLEI DEUTUNGSANSÄTZE. TROTZ DIESER DRASTISCHEN »ENTPHILOSOPHIE-RUNG« KÖNNEN SIE NICHT AUF DIE PHILOSOPHIE VERZICHTEN.

Wir sind ziemlich schnell durch die Entwicklungsgeschichte unserer Milchstraße geeilt. Dabei habe ich immer wieder eine Hypothese verwendet, ohne sie ausdrücklich zu erwähnen. Sie lautet: Die Naturgesetze, die wir auf der Erde durch Beobachtungen und Experimente entdeckt haben, gelten überall im Universum. Dann und nur dann können wir nämlich überhaupt die Physik des Weltalls, also die Astronomie betreiben. Wir können nur dann Vorgänge im Universum verstehen, wenn wir von dem, was wir von der Physik der Materie auf der Erde kennen, darauf schließen, was sich im Weltraum in den Sternen oder im Gas zwischen den Sternen abspielt. Für die Teilchenarten, die Atome, deren Atomkerne und Elektronen, aus denen Sterne oder Gaswolken bestehen, ist es demnach völlig unerheblich, ob sie sich auf unserem Planeten befinden oder irgendwo in irgendeiner Galaxie. Sie verhalten sich immer gemäß den naturgesetzlichen Zusammenhängen, die ihnen unter den jeweiligen Umständen gestatten, sich entweder zu Atomen oder sogar zu Molekülen zu verbinden. Auch das Licht, das die Teilchen abstrahlen, hat überall im Universum die gleichen Eigenschaften wie hier auf der Erde. Die Atome der verschiedenen chemischen Elemente geben Strahlung in ganz gewissen Portionen ab, die durch die Energieniveaus in der Elektronenhülle ganz genau definiert sind. Man kann im irdischen Labor für jede Atomsorte die Strahlung in Abhängigkeit von der Temperatur und Dichte messen. Ein Vergleich mit dem Licht der Sterne erlaubt uns somit auch, die physikalischen Bedingungen des Gases an der Sternoberfläche abzuleiten.

Astronomen sind Lichtdeuter, für sie ist Licht die einzige wirkliche Informationsquelle. Aber der Deutung der Sternenstrahlung unterliegt immer die Hypothese, dass Licht immer Licht ist, egal wo es entsteht.

Die Astronomie als die Physik des Universums verlangt sogar noch mehr als die Gültigkeit der Naturgesetze überall im Weltall. Sie verlangt die Gültigkeit der Naturgesetze zu jeder Zeit. Die Naturgesetze müssen immer und überall gültig sein, dann – und nur dann – kann das Universum naturwissenschaftlich untersucht werden.

Warum sprechen wir von ewiger Gültigkeit? Weil das Licht der Sterne und Galaxien Zeit braucht, bis es unsere Fernrohre auf der Erde erreicht. Allein das Sonnenlicht braucht acht Minuten bis zur Erde, das Licht des nächsten Sterns schon vier Jahre und das Licht

der Sterne des berühmten »Großen Wagens« ist 100 Jahre unterwegs, bis es die Erde trifft. Solche Zahlen sind noch ganz gut
vorstellbar, weil sie mit unserer Lebensspanne vergleichbar sind.
Aber wenn man bedenkt, dass das Licht der größten Nachbargala-
xie unserer Milchstraße schon mehr als zwei Millionen Jahre
braucht, um zur Erde zu gelangen, dann ist unser Vorstellungsver-
mögen hoffnungslos überfordert. Das sind Zeiten und Strecken
jenseits jeder Vorstellung, wir erkennen nichts mehr, weil wir es
einfach nicht begreifen können.

DER HELLE STERN ALPHA CENTAURI UND SEINE UMGEBUNG. (ESO/DIGITIZED
SKY SURVEY 2, ACKNOWLEDGEMENT: DAVIDE DE MARTIN)

Das Licht, das wir heute von dieser Galaxie empfangen, wurde
zu einem Zeitpunkt abgestrahlt, als sich in Ostafrika gerade die
Vorläufer der Menschen entwickelten. Sie sehen, die zeitlichen
Abgründe werden immer riesiger. Es gibt Galaxien, die sind so
weit von uns entfernt, dass ihre Strahlung zu einer Zeit entstand,

als es das Sonnensystem und die Erde noch gar nicht gab. Und doch, wenn wir das Licht heute in unseren Fernrohren empfangen und zerlegen, dann tun wir so, als ob auch schon damals alle uns bekannten Naturgesetze genauso gültig gewesen wären wie heute. Wir können übrigens schon am eigenen Leib die Stabilität der Naturgesetze überprüfen. Die materiellen Bausteine, aus denen wir bestehen, bleiben immer gleich. Wir altern zwar, aber das liegt am Zusammenspiel der Moleküle untereinander – die einzelnen Bauteile bleiben dieselben. Vom Staube kommen wir, und zu Staube werden wir. Die Bibel drückt sich hier atom- und kern-physikalisch völlig korrekt aus.

Übrigens: Jeder unserer Atemzüge beweist, dass sich die grundle-genden Gesetze der Materie und des Lichtes zumindest während unseres Lebens nicht verändern. Wenn die Sauerstoffmoleküle, die wir durch unsere Lungen aufnehmen, sich plötzlich nicht mehr mit dem Hämoglobin in unserem Blut verbinden würden, müssten wir ersticken. Aber sie verbinden sich, nichts ändert ihre Bindungsfä-higkeit, sie funktionieren nach genau abgestimmten Gesetzen. Nur zur Erinnerung: Der Sauerstoff, den wir atmen, wird von Pflanzen durch Photosynthese freigesetzt. Sie verwenden dafür das Licht der Sonne. Der Sauerstoff selbst aber stammt von Sternen, die es schon lange nicht mehr gibt. Sie haben sich in gewaltigen Explosio-nen in Gas aufgelöst, das sich an anderen Stellen zu neuen Sternen verdichtete. Einer davon war unsere Sonne.

DER **SAUERSTOFF**, DEN WIR ATMEN, STAMMT VON **STERNEN**, DIE ES SCHON LANGE NICHT MEHR GIBT.

Die vorausgesetzte, grundsätzlich unveränderliche Gesetzlichkeit der Natur ist das wichtigste Fundament naturwissenschaftlicher Forschung. Wäre die Natur rein chaotisch, also gesetzlos, oder würden sich die Gesetze des Aufbaus der Materie ständig verändern, gäbe es keine stabilen materiellen Strukturen.

WIR BESTEHEN AUS BESTANDTEILEN, DIE VOM HIMMEL KAMEN. WIR SIND KINDER DER STERNE.

So aber geht es in der Natur mit »rechten Dingen« zu. Nur weil sich die verschiedenen unveränderlichen physikalischen Grundkräfte in einem ewigen Wettbewerb befinden, gibt es überhaupt etwas. Die Sonne ist ein Gasball, sie ist da, weil ihr innerer Druck ihrer eigenen Schwerkraft die Waage hält. Der Druck aber entsteht durch die Kernkräfte im Zentrum, denn sie verschmelzen Atomkerne miteinander. Die bei der Kernfusion frei werdende Energie heizt das Gas des Sterns auf und lässt es leuchten. Das Licht des Sterns strahlt in den Weltraum und trifft eventuell auf eine kleine, blaue Traubenhyazinthe. Und diese kleine Pflanze kann mit dem Licht der Sonne etwas anfangen, denn auch ihre Existenz hängt mit den Gesetzen der Natur zusammen. Die Atome, aus denen die Hyazinthe besteht, kommen von den Sternen, auch sie ist Sternenstaub. Ihre Blüten und ihr Stängel sind aus Molekülen aufgebaut, deren Struktur und Verbindung von den grundlegenden Kräften zwischen den Atomen bestimmt werden, ebenso wie die Aufnahme des Sonnenlichts durch die Moleküle.

Letztlich sind auch die Menschen, die sich an ihrem Anblick erfreuen, ein Teil der Natur, sie bestehen aus Bestandteilen, die vom Himmel kamen. Wir sind Kinder der Sterne. In der Milchstraße war schon viel passiert, bis es endlich zur Bildung eines

Planetensystems kam, auf dessen drittem Planeten sich nach über viereinhalb Milliarden Jahren Lebewesen ihres Daseins bewusst wurden.

Kommen wir also zur nächsten Abteilung, der Bildung des Sonnensystems und seiner Planeten.

VON GASRIESEN UND FELSBROCKEN – AUS EINER SCHEIBE WERDEN PLANETEN

Die Entstehung eines Sterns beginnt mit einer Gaswolke, die unter ihrem eigenen Gewicht zusammenstürzt, sie wird immer kleiner, dichter und heißer. Diese Kompression geschieht so lange, bis durch die Verschmelzung von Atomkernen im Zentrum eine runde, strahlende Gaskugel entstanden ist – ein Stern beginnt zu strahlen.

Die Entstehung von Planeten ist schwerer zu erklären, sie sind komplizierter; denn im Vergleich zu den heißen Sternen stellen sie eine viel differenziertere Form von Materie dar.

Nehmen wir an, unser Sonnensystem sei der kosmische Normal-fall, also ganz durchschnittlich: Im Zentrum des Sonnensystems steht die Sonne, in ihr sind mehr als 99 Prozent der Gesamt-masse des Sonnensystems vereinigt. Ihre Masse ist rund 600-mal schwerer als die Masse aller sie umgebenden Planeten zusam-men. Deshalb bestimmt ihre Schwerkraft auch die Bewegungs-möglichkeiten der Planeten. Sie umkreisen die Sonne in einer Ebene auf ganz leicht elliptischen Bahnen. Übrigens, das schreibt sich immer so leicht hin: elliptische Bahnen. Weder Sie noch ich würden, auf einem Blatt Papier aufgezeichnet, mit bloßem Auge einen Unterschied zwischen einem Kreis und den Bahnen der meisten Planeten erkennen; höchstens für Merkur und Pluto ist die Ellipsenform erkennbar.

Aber zurück zur Sonne: Ihre Masse zwingt die Planeten zur Umkreisung, und wir können deshalb davon ausgehen, dass die

Entstehung der Planeten mit der Entstehung der Sonne direkt zusammenhängt.

Man unterteilt das Sonnensystem in Planeten, deren Monde und kleine Fels- und Eisbrocken, die Asteroiden, Kometen und Meteoriten. Die Planeten wiederum treten in zwei Gruppen auf, als erdähnliche Planeten und als Gasplaneten. Erdähnlich nennt man solche Planeten, die in ihrem Aufbau der Erde relativ ähnlich sind und aus gesteinsartigem Material und Metallen bestehen. Ihre Dichte ist hoch, ihre Oberfläche fest und die Zahl der Monde gering. Zu dieser Gruppe gehören die vier der Sonne am nächsten stehenden Planeten Merkur, Venus, Erde und Mars. Dagegen zählen Jupiter, Saturn, Uranus und Neptun zu den Gasplaneten und umkreisen die Sonne in zunehmend großen Abständen. Sie bestehen fast nur aus Gas, und zwar vorwiegend aus Wasserstoff und Helium. Ihre Dichte ist eher gering (ungefähr so wie Wasser), sie drehen sich recht schnell um ihre Achse, und ihre Atmosphäre ist sehr dicht. Der am weitesten entfernte Planet, Pluto, ist ein Felsbrocken, der wahrscheinlich einmal ein Mond von Neptun war und der seit August 2006 nicht mehr als richtiger Planet gehandelt wird. Er wurde von der Internationalen Astronomischen Union zum Zwergplaneten degradiert.

Unser Sonnensystem erstreckt sich über Milliarden Kilometer in den Weltraum hinaus. Jenseits des Planeten Neptun schließt sich ein ringförmiges Reservoir von Felsbrocken an, das sich bis auf etwa 70 Milliarden Kilometer, entsprechend dem 500-fachen Abstand Erde – Sonne, ausdehnt. Wenn wir die Oort'sche Wolke noch hinzurechnen, einen kugelförmigen Bereich um die Sonne, angefüllt mit Felsbrocken aller Art, den Resten aus der Entstehungszeit des Sonnensystems, dann reicht unser Sonnensystem sogar bis etwa zehn Billionen Kilometer, oder anders ausgedrückt: anderthalb Lichtjahre, ins All hinaus. Das Licht benötigt 18 Monate, um von der Sonne zur Oort'schen Wolke zu gelangen.

Damit man sich überhaupt einmal die gewaltigen Abstände vorstellen kann, will ich im Folgenden alle Größen auf den einmilliardsten Teil ihres tatsächlichen Wertes verkleinern. In dieser

Miniaturversion hat die Erde einen Durchmesser von 1,3 Zentimetern, ungefähr so groß wie eine Weinbeere. Der Mond umkreist diese Weinbeere in einem Abstand von 35 Zentimetern. Die Sonne kommt in diesem Maßstab auf rund 1,5 Meter Durchmesser und ist rund 150 Meter von der Erde entfernt. Jupiter und Saturn schrumpfen auf Grapefruit- bzw. Orangengröße und umkreisen die Sonne in 750 bzw. 1500 Metern. Uranus und Neptun sind Zitronen und drei bzw. viereinhalb Kilometer von der Sonne entfernt. Der nächste Stern ist auch in dieser Mini-Ausgabe schon 40.000 Kilometer (!) weit weg.

Das Sonnensystem ist 4,6 Milliarden Jahre alt. Diese Altersbestimmung ergibt sich aus Analysen von Meteoriten, den vagabundierenden Überbleibseln aus der Entstehungsphase des Sonnensystems. Sie sind zur gleichen Zeit entstanden wie die Planeten und die Sonne. Das Alter der Meteoriten kann man anhand des Zerfalls radioaktiver Elemente ziemlich genau messen. Die Hälfte der Atomkerne von Uran und Thorium zerfallen innerhalb von Milliarden Jahren, sie sind die ältesten Uhren des Universums. Aus dem Verhältnis der zerfallenen und den noch nicht zerfallenen Atomkernen ergibt sich das Alter des Gesteins.

Aus den Gesteinsanalysen lässt sich folgendes Bild des Sonnensystems zeichnen: In einer Ebene von einigen Milliarden Kilometern Durchmesser bewegen sich Planeten auf fast kreisrunden Bahnen seit mehr als viereinhalb Milliarden Jahren um die Sonne. Donnerwetter! Jetzt muss ich sehr aufpassen, dass ich nicht ins Schwärmen gerate. Ich bremse mich einfach, indem ich eine wissenschaftliche Frage stelle und sie gleich wissenschaftlich beantworte, das holt mich wieder auf den Boden vorstellbarer Tatsachen zurück, schließlich sollen Sie ja etwas lernen. Zum Staunen kommen wir schon noch. Aber unter uns, Sie wundern sich doch sicher auch, wie etwas für so lange Zeit so stabil bleiben konnte? Das erzähle ich Ihnen gleich. Hier aber erst mal die Frage: Wie entstand das Sonnensystem?

DONNERWETTER!
JETZT MUSS ICH SEHR AUFPASSEN, DASS ICH NICHT INS SCHWÄRMEN GERATE. ICH BREMSE MICH EINFACH, INDEM ICH EINE WISSENSCHAFTLICHE FRAGE STELLE UND SIE GLEICH WISSEN-SCHAFTLICH BEANTWORTE.

Und jetzt gleich die Antwort in Form einer kurzen Geschichte des Sonnensystems (Wir tun so, als wären wir als Zuschauer dabei, das hat den Vorteil, dass ich den Text in der Gegenwartsform schreiben kann):

Vor 4,6 Milliarden Jahren wächst im Innern einer zusammenstürzenden Gaswolke die Sonne heran. Ein Teil des Wolkengases konzentriert sich währenddessen um den jungen Stern in Form einer flachen, um ihn rotierenden Gas- und Staubscheibe. Ihre Masse ist zwar viel geringer als die der gerade entstehenden Sonne, aber sie erstreckt sich auf 15 Milliarden Kilometer in den Raum hinaus. Alle Planeten entstehen in dieser Scheibe, und deshalb bewegen sie sich bis heute praktisch in einer Ebene um die Sonne.

Die Entstehung der Planeten läuft in zwei Phasen ab. In Phase 1 beginnt die Entwicklung mit zufälligen Zusammenstößen der anfangs gleichmäßig über die Scheibe verteilten Staubpartikel.

UNSER SONNENSYSTEM MIT PLANETENBAHNEN IN DER EBENE
(© THE INTERNATIONAL ASTRONOMICAL UNION/MARTIN KORNMESSER /
DEUTSCHES ZENTRUM FÜR LUFT- UND RAUMFAHRT E.V.)

Saturn

Uranus

Neptun

——— "Planeten"

——— "Zwergplaneten"

Pluto

2003 UB₃₃

Die Partikel kleben zusammen und bilden immer größere Klümpchen. Aus den Klümpchen werden schließlich Klumpen und immer größere Brocken. Innerhalb von wenigen Millionen Jahren bilden sich aus den Brocken die Vorläufer von Planeten, die sogenannten Planetesimale, von denen einige schon etliche Hundert Kilometer groß sind. In Phase 2 vereinigen sich mehrere dieser Planetesimale zu noch größeren Objekten. Die schwersten Planetesimale wachsen aufgrund ihrer größeren Masse viel schneller als die leichteren Planetenvorläufer, es entstehen Felsenplaneten. Ihr Wachstum ist beendet, wenn fast aller Staub verbraucht ist. Dies alles dauert 100 Millionen Jahre. Merkur, Venus, Erde und Mars sind geboren.

Gasplaneten können sich nur in den äußeren Bereichen der Scheibe bilden. Dort ist die Temperatur so niedrig, dass die Schwerkraft der Felsenkerne Gasmoleküle festhalten kann. Die Kerne der äußeren Planeten sammeln auf diese Weise große Mengen an Gas an. Jupiter wächst in weniger als einer Million Jahren auf 317 Erdmassen an. Er wird doppelt so schwer wie alle anderen Planeten zusammen.

Die Planeten, die wir heute im Sonnensystem beobachten, sind die Gewinner der vielen Zusammenstöße am Anfang. Alle Körper, die auf deutlich elliptischen Bahnen durchs Sonnensystem vagabundierten, hatten eine viel größere Wahrscheinlichkeit, mit anderen Planeten zusammenzustoßen. Deshalb sind sie längst verschwunden. Entweder sind sie mit anderen Planeten zusammengestoßen, in die Sonne gefallen oder sie haben das Sonnensystem längst verlassen. Nur noch sehr kleine Felsbrocken durchkreuzen als Kometen oder Asteroiden das Sonnensystem auf ausgeprägt elliptischen Bahnen. Die übrigen Planeten hingegen haben nahezu kreisförmige Bahnen, und das hat ziemlich wichtige Konsequenzen: Kreisförmige Bahnen wirken sich positiv auf die Stabilität eines Planetensystems aus.

SO WAS GIBT ES DOCH GAR NICHT – 4,5 MILLIARDEN JAHRE STABILITÄT

Und jetzt kommen wir zu dem höchst staunenswerten Faktum der Stabilität des Sonnensystems. Seit 4,5 Milliarden Jahren bewegen sich die Planeten um die Sonne, und zwar ohne dass sich ihre Bahnen merklich verändert haben. Zwar schwanken die Planeten ein wenig um die perfekte Kreisbahn, aber ihre nur leicht elliptischen Bahnen ziehen sie nach wie vor unverändert. Woher wissen wir das? Ganz einfach: Es gibt uns! Hinter dieser schlichten Feststellung steckt eine Menge kosmischer Zusammenhänge, denn wir Menschen sind Teil der Natur, sind Ergebnis einer sehr langen biologischen Entwicklung, die niemals stattgefunden hätte, wenn unser Planet seine Entfernung zur Sonne merklich geändert hätte.

ES GIBT UNS! HINTER DIESER SCHLICHTEN FESTSTELLUNG STECKEN KOSMISCHE ZUSAMMENHÄNGE, DENN WIR MENSCHEN SIND ERGEBNIS EINER SEHR LANGEN BIOLOGISCHEN ENTWICKLUNG.

Hätte sich der Abstand der Erde zur Sonne verringert, dann wäre es so heiß auf unserem Planeten, dass das Wasser nur kochend vorkommen würde und Leben sicher keine Chance hätte. Bei einem größeren Abstand wäre die Erde für immer eingefroren. Der rekonstruierte Verlauf der Erdgeschichte anhand alle Untersuchungen der Gesteine lässt nur einen Schluss zu: Der Abstand Erde – Sonne ist seit einer kleinen Ewigkeit immer derselbe, und auch alle anderen Planeten sind seit ihrer Entstehung in jeweils unveränderter Entfernung auf ihrer Rundreise um die Sonne unterwegs. Hätten sich deren Bahnen verschoben, so wären sie entweder mit anderen Planeten zusammengestoßen, in die Sonne gestürzt oder hätten das Sonnensystem verlassen.

Woher kommt diese unglaubliche Stabilität? Zunächst verlieren die Planeten seit Langem keine Drehenergie mehr, denn die Gasdichte im interplanetaren Raum ist so niedrig, dass die Planeten sich daran nicht nennenswert reiben. Die Beeinflussung durch die Schwerkraft der anderen Planeten ist so gering, dass sie nicht weiter ins Gewicht fällt. Dass alles seit 4,5 Milliarden Jahren »rundläuft«, ist offenbar lediglich dem Umstand zu verdanken, dass sich eventuelle Störungen, die damals wie heute am Werke sind, so gut wie gar nicht auswirken. Aber richtig erklären lässt sich die Stabilität des Sonnensystems nicht. Es hätte auch ganz anders kommen können. Die Astronomen können die Umkreisungen der Planeten nur für die nächsten 200 Millionen Jahre genau berechnen, darüber hinaus müssen wir einräumen, dass sich winzige gegenseitige Störungen der Planeten vielleicht eines Tages doch aufsummieren und minimale Verzerrungen ihrer Bahnen hervorrufen könnten. Dadurch würde ein Planet geringfügig näher in den Anziehungsbereich eines anderen geraten, was ihre Bahnen vielleicht so stark veränderte, dass es zu Zusammenstößen käme. Im schlimmsten Fall wüchsen die Kräfte so sehr an, dass sie einen Planeten ganz aus seiner Bahn schleuderten.

Da erhebt sich natürlich die Frage, ob der Ansatz, unser Sonnensystem sei der kosmische Normalfall, wirklich richtig ist. Die fast kreisförmigen Umlaufbahnen der Planeten lassen zumindest Zweifel daran aufkommen. Und in der Tat haben die letzten zehn Jahre uns Astronomen das Staunen gelehrt, denn die meisten Planeten um andere Sterne haben Bahnen, die viel stärker elliptisch sind als die Bahnen der Planeten in unserem Sonnensystem. Seit 1995 ist es möglich, Planeten um andere Sterne indirekt zu finden, und so konnten wir schon mehr als 1500 extrasolare Planetensysteme entdecken. Die Methode lässt sich nicht für so kleine Planeten wie die Erde anwenden, sie müssen mindestens so schwer wie Saturn sein, dann können wir sie schon finden. Nicht nur die viel stärker elliptischen Bahnen unterscheiden die anderen Planetensysteme von unserem, sondern auch die geringere Entfernung ihrer Gasplaneten von ihrem Stern. Jupiter oder Saturn umkreisen unsere Sonne mit viel größerem Abstand. In extrasolaren Planetensystemen sind die Gasplaneten ihren Sternen teilweise näher als die Erde der Sonne, in einigen Fällen sogar noch viel näher. Wie aber sind sie dahin gekommen? Dieser Ort ist einfach viel zu heiß, als dass sich dort Gasplaneten hätten bilden können. Sie müssen also aus großen Entfernungen ins Innere des Planetensystems eingewandert sein. Das war nur möglich, weil sich die Gasplaneten an der Gas- und Staubscheibe so stark gerieben haben, dass sie ihre Drehenergie verloren haben und in Richtung ihres Sterns gewandert sind. Ihre Wanderung war beendet, als sie den Innenrand der Staubscheibe erreicht hatten. Dort hatte die Strahlung des Sternes den Staub verdampft.

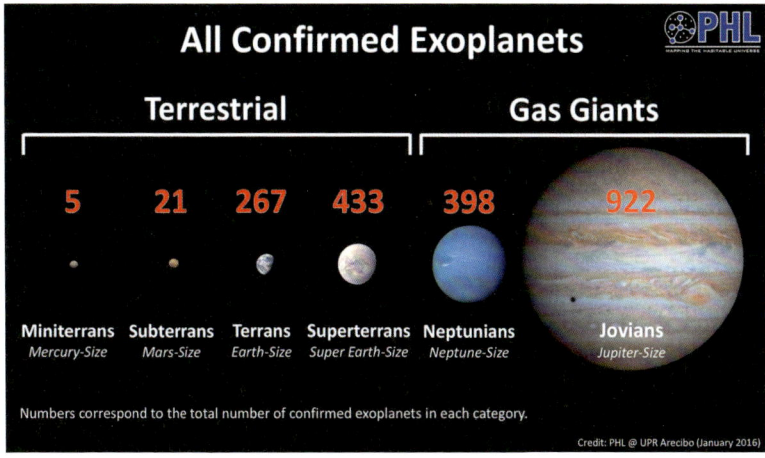

BISHER AUFGESPÜRTE PLANETEN AUSSERHALB UNSERES SONNENSYSTEMS UND IHRE GRÖSSEN. (THE PLANETARY HABITABILITY LABORATORY @ UPR ARECIBO (PHL.UPRA.EDU)

Die Bewegung der großen Planeten vom Äußeren ins Innere des Systems musste katastrophale Konsequenzen für möglicherweise vorhandene andere Planeten gehabt haben. Deren Umlaufbahnen wurden nämlich durch die Gasriesen so stark gestört, dass sie entweder mit diesen zusammenstießen, in ihren Stern fielen oder aus ihrem System herauskatapultiert wurden.

JUPITER (© NASA/JPL/CASSINI IMAGING TEAM/UNIVERSITY OF ARIZONA / DEUTSCHES ZENTRUM FÜR LUFT- UND RAUMFAHRT E.V.)

Das alles ist in unserem Sonnensystem nie passiert. Jupiter ist fünfmal so weit von der Sonne entfernt wie die Erde. Falls er von außen eingewandert sein sollte, dann war die Staubscheibe schon so stark durch die Strahlung der Sonne verdampft, dass er nicht weiter ins Innere des Sonnensystems eindringen konnte. Wie auch immer, unser Sonnensystem scheint so durchschnittlich nicht zu sein. Es hat durchaus besondere Eigenschaften, vor allem hat es einen ganz außerordentlich bemerkenswerten Planeten hervorgebracht: die Erde, einen Planeten, auf dem sich eine Materieform gebildet hat, die sich von allem, was vorher existierte, grundlegend unterscheidet – Leben.

Eigentlich müsste die Erzählung jetzt mit der Entstehung und Entwicklung der Erde weitergehen, der Heimat der kleinen blauen Traubenhyazinthe. Aber machen wir zuvor eine gedankliche Inventur. Es war ja doch alles ein bisschen viel, vom Urknall bis zur Entstehung der Erde.

UNSER **SONNEN-SYSTEM** HAT BESONDERE EIGENSCHAFTEN. ES HAT EINEN AUSSERORDENTLICH BEMERKENS-WERTEN **PLANETEN** UND EINE BESONDERE MATERIEFORM HERVORGE-BRACHT: **LEBEN**.

IMMER SIND ES DIE KLEINEN ABWEICHUNGEN – DER NICHT GANZ PERFEKTE KOSMOS

Gedanklich stehen wir jetzt kurz vor dem Beginn der Erdge-schichte. Wir haben die Erde im Kapitel über die Planeten ja schon entstehen lassen; sie umrundet als heißer Felsbrocken die noch junge Sonne, aber wir wollen noch einmal zurückschauen ins damals schon knapp zehn Milliarden Jahre alte Universum. Am Anfang war alles, was sich im Universum befand, sehr heiß und sehr gleichmäßig im Raum verteilt. Das Universum expandierte, kühlte sich ab, und es entstanden Teilchen, die in einem Strahlungsbad schwammen. Dieser Übergang von einem gleichmäßig ausgedehnten Energiebrei in Teilchen und Strahlung entspricht praktisch einer Kondensation. So wie sich aus Wasserdampf durch Abkühlung Tröpfchen bilden, so hat sich in der Frühphase des Kosmos die Materie gebildet. Und wir können gleich mit den Wassertropfen weitermachen. Wenn man flüssiges Wasser noch weiter abkühlt, dann gefriert es und kristallisiert sogar. Gleiches geschah auch im Kosmos. Während der andauernden Expansion und Abkühlung bildeten sich schließlich Materieklumpen – Galaxien, Sterne und endlich auch Planeten. Und immer sind es die kleinen Abweichungen, die die Bildung solcher Materieinseln ermöglichen. An manchen Stellen erhöhte sich durch kleinste Verdichtungen die Schwerkraft, die wiederum weitere Materie anzog. Die Materie floss aus in die Stellen mit höherer Dichte, dadurch entleerte sich das Universum. Es entstanden große Leerräume, an deren Rändern Galaxien entstanden, die sich ihrerseits anzogen und in Haufen von Galaxien sammelten.

Innerhalb der Galaxien spielte sich auf kleineren Ausdehnungen der gleiche Vorgang ab: Gasverdichtungen verstärkten sich immer mehr, bis sie schließlich unter ihrem eigenen Gewicht kollabierten und Sterne entstanden. Die wiederum setzten einen völlig neuen Mechanismus in Gang: Sie setzten durch die Verschmelzung von leichten Atomkernen zu größeren Kernen Energie frei. Es wurde Licht und es entstanden alle Elemente, die schwerer sind als Helium. Durch Sternexplosionen wurden diese neu erzeugten Elemente ins Weltall geschossen. Ein Materiekreislauf kam in Gang, der ständig neue Sterne hervorbrachte und immer mehr schwere Elemente erzeugte. Als das Universum schon fast neun Milliarden Jahre alt war, kam es zur Bildung der ersten Planeten. Die Beobachtungen von extrasolaren Planetensystemen weisen ganz klar darauf hin, dass nur die Sterne, die mindestens so viele schwere Elemente wie die Sonne besitzen, auch von Planeten umkreist werden. Möglicherweise ist das Sonnensystem eines der ersten Planetensysteme in der Milchstraße.

MÖGLICHERWEISE IST DAS SONNENSYSTEM EINES DER ERSTEN PLANETENSYSTEME IN DER MILCHSTRASSE.

So, und jetzt kommen wir zur Erde, der Heimat der Traubenhyazinthe und ihrer Bewunderer. Menschen und Pflanzen sind das Resultat einer langen Entwicklungsgeschichte auf einem ganz wunderbaren Himmelskörper. Betrachten wir seine Entstehung und Entwicklung und vergleichen wir sie mit anderen, erdähnlichen Planeten.

DER BLAUE DIAMANT

Die Traubenhyazinthe ist ein echter »Erdling«: Sie kommt aus der Erde, und sie lebt vom Wasser und den Mineralien, die sie über ihre Wurzeln aus dem Erdboden zieht. Ihre Energie liefert ihr ein Stern, der 150 Millionen Kilometer von ihr entfernt Wasserstoff in Helium verwandelt. Die Traubenhyazinthe wiederum verwandelt das Licht der Sonne in Zuckermoleküle und Sauerstoff. Sie ist wie alle Lebewesen ein Teil des großen Kreislaufs von Wasser, Erde und Luft, der vom Feuer der Sonne angetrieben wird.

In der Erzählung über den Kosmos folgten wir der Entwicklung der einfachen und leichten Atome vom Urknall bis hin zu den Sternen, und schließlich beobachteten wir deren gewaltigen Materiekreislauf, der die für das Leben unverzichtbaren schweren Elemente hervorbringt. Für die Existenz der Traubenhyazinthe sind das gewissermaßen die himmlischen Vorbedingungen. Für ihr

Dasein, ihr Werden und Wachstum aber sind unmittelbar nur die Erde und die Sonne wirklich wichtig.

DIE ERDE VOM MOND AUS GESEHEN AM 24.12.1968.
(FOTOGRAF: NASA / BILL ANDERS)

Am 21. Dezember 1968 um 17 Uhr amerikanischer Ostküstenzeit sehen zum ersten Mal Menschen den Erdball in seiner vollen Größe. Die drei Astronauten von Apollo 8 machen ein Foto, das um die Welt geht. Im schwarzen Universum schwebt eine leuchtend blaue Kugel – unsere Erde. Ihre Atmosphäre erscheint wie ein hauchdünner Schleier über ihrer Oberfläche. Der größte Teil der Kugel ist mit den blauen Meeren bedeckt, hier und da sieht man Wolkenbänder und darunter die Konturen einiger Kontinente. Für die Besatzung von Apollo 8 war das ein ganz besonderer Moment. Sie sind so beeindruckt von der Schönheit ihres Heimatplaneten und von seiner Zerbrechlichkeit, dass sie ihn mit einem Diamanten vergleichen. Den drei Männern wird in diesem Moment sehr deutlich vor Augen geführt, dass wir alle im gleichen Boot sitzen, und so wird dieses erste Bild von der ganzen Erde zum Symbol einer für das Abendland neuen Idee: Nicht mehr untertan sollen wir uns die Natur machen, sondern, wenn irgendwie möglich, *mit* ihr leben und nicht *gegen* sie. Natur zu zerstören bedeutet, die Grundlagen des Lebens in jeglicher Form zu zerstören.

Wie lebensfeindlich Himmelskörper aussehen, erleben die Apollo-8-Astronauten ebenfalls sehr direkt, denn wenige Tage später erreichen sie den Mond. Seine von Einschlägen zernarbte Oberfläche steht in völligem Kontrast zur Erde. Der Mond ist tot, er hat keine Atmosphäre, und er ist völlig trocken. Da ist nichts außer Stein und Staub, keine Pflanze, kein Wasser, kein Leben.

WAS HAT DER MOND AM FIRMAMENT MIT DER ERDE, IHRER ENTSTEHUNG UND ENTWICKLUNG ZU TUN?

Sie werden sich jetzt vielleicht fragen, warum der Autor ausgerechnet jetzt mit dem Mond kommt. Was hat diese tote Kugel am Firmament, die scheinbar nur dafür da ist, dunkle Nächte zu erhellen, mit der Erde, ihrer Entstehung und Entwicklung zu tun? Sie werden sich wundern, denn sein Schein trügt. Sieben Monate nach Apollo 8 werden Neil Armstrong und Edwin Aldrin als erste Menschen den Mond betreten und Mondgestein aufsammeln. Nach ihnen folgen fünf erfolgreiche Mondmissionen, und alle bringen Mondgestein mit, knapp 400 Kilogramm insgesamt. Jahrelange Untersuchungen dieses Gesteins haben eine ungeheure Geschichte aufgedeckt, die unabdingbar zu den Anfangsbedingungen der Erdentstehung gehört und deshalb erzählt werden muss.

Die Erde hat in ihrer ganz frühen Phase einiges mitgemacht, und die von zahllosen Einschlagkratern zernarbte Mondoberfläche ist ein beeindruckendes Tagebuch dieser Urzeit. Der Mond ist gewissermaßen der Kronzeuge für die dramatischen Vorgänge zu Beginn der Erdgeschichte. Auf ihm zeigt sich, was sich vor ca. 4,5 Milliarden Jahren im gerade entstehenden Sonnensystem abgespielt hat: Felsen stürzten auf Felsen; Gesteine erhitzten sich durch die Einschlagenergie, und ganz junge, unfertige Felsenplaneten waren rot glühende Gesteinskugeln, die so lange weiter an Gewicht und Größe wuchsen, bis ihre Schwerkraft die meisten

durch das Sonnensystem vagabundierenden Felsbrocken einge-
sammelt hatte. Das von den sechs Apollo-Missionen mitgebrachte
Mondgestein weist eindeutig darauf hin, dass die Erde in ihrer
Frühphase einen Einschlag eines Himmelskörpers überstanden
hat, welcher doppelt so schwer war wie der Mars. Er besaß ein
Fünftel Erdmasse und wurde beim Zusammenstoß komplett
zerstört, sein Eisenkern versank in der damals noch glutflüssigen
Urerde. Große Teile der leichten Erdkruste und der Kruste des Ein-
schlägers wurden ins Weltall geschleudert und bildeten in ca.
60.000 Kilometern Entfernung einen Gesteinsring um die Erde, aus
dem sich der Mond bildete. Der Mond ist wahrhaftig ein Grund
zum Staunen, denn er steht der Erde dienstgradmäßig gar nicht
zu. Er ist viel zu schwer, nämlich ein Achtzigstel der Erdmasse.
Einen solch schweren Mond haben nur Gasriesen wie Saturn und
Jupiter, die zehn- oder 100-mal schwerer sind als die Erde.

Die Anwesenheit des Mondes hat große Auswirkungen auf die
Erde, ohne ihn würde sie im Weltraum taumeln, denn er stabilisiert ihre Drehung um die eigene Achse. Ihre Drehachse würde so
stark schwanken, dass eine Seite ihrer Oberfläche ständig zur
Sonne gerichtet wäre, während die andere in totaler Dunkelheit
vereiste – keine schöne Vorstellung. So aber ist das Erde-Mond-
System ein stabiles System, in dem die Erdachse nur wenige Grad
hin- und herschwankt, deshalb haben wir die unterschiedlichen
Jahreszeiten.

Ohne den Mond würde die Erde sich so schnell um ihre eigene
Achse drehen, dass der Wind auf ihrer Oberfläche ständig mit 300
bis 500 Kilometern pro Stunde bliese – Lebewesen wären in jeder
Hinsicht sehr flach. In die Höhe wachsende Pflanzen gäbe es sicher
auch nicht. Die Traubenhyazinthe, der Biologe und der Astrophysiker wären ohne den Mond gar nicht vorhanden.

Und nun stellen wir uns den Anblick des Himmels von der Erde
aus vor, wie er vor 4,5 Milliarden Jahren aussah (wir tun wieder
so, als wären wir dabei): In 80.000 Kilometern Entfernung schla-
gen immer noch Brocken auf den sich gerade bildenden, taumeln-
den Mond ein. Die Erde dreht sich in sieben Stunden um die eigene
Achse, und sie wird umkreist von einem schweren Begleiter.

Beide Himmelskörper spüren sich, ihre gegenseitige Schwerkraft beeinflusst beide gleichermaßen, man nennt dies die Gezeitenkraft, die noch heute auf der Erde Ebbe und Flut verursacht. Beide bremsen sich in ihrer Eigendrehung ab, der Mond als der deutlich leichtere der beiden Partner wird viel stärker abgebremst, und nach einer kurzen Zeit zeigt er der Erde immer die gleiche Seite. Man spricht davon, dass er in seiner Rotation synchronisiert ist. Mit anderen Worten: Er dreht sich einmal um die eigene Achse, während er sich einmal um die Erde dreht. Die Erde dreht sich ebenfalls durch die Gezeitenkraft des Mondes immer langsamer, sie wurde bis heute auf 24 Stunden Rotationszeit heruntergebremst. Die Drehenergie, die die Erde verliert, gewinnt der Mond an Bahnenergie. Seit damals entfernt er sich nämlich kontinuierlich von der Erde. Aus den anfänglichen 60.000 Kilometern sind bis heute 400.000 Kilometer geworden, und es geht immer noch weiter. Die Erde wird sich immer langsamer drehen und der Mond sich von ihr entfernen, jedes Jahr ein paar Zentimeter.

So viel zu den Anfangstagen der Erde und den anderen terrestrischen Planeten Merkur, Venus und Mars. Auch sie entstanden durch eine Unzahl von Einschlägen und Zusammenstößen. Die Erde nimmt jedoch unter den Planeten des Sonnensystems eine einzigartige Stellung ein. Er ist außergewöhnlich bis ins kleinste Detail, dieser Erdkörper mit lebensschützender Atmosphäre und kilometertiefen Ozeanen, die von meist nur um wenige zehn oder 100 Meter über den Meeresspiegel hinausragenden Landflächen umgeben sind. Hätten die Meere nur etwas mehr Wasser, gäbe es überhaupt kein festes Land. Die immer noch flüssigen Gesteinsmassen des Erdinnern drängen nach oben und verhindern dadurch, dass die Kontinente nicht an ihrer Basis auseinanderfließen und ins Meer versinken. Und es gibt Leben auf diesem Planeten, ein, soweit wir bis heute wissen, offenbar einmaliges Phänomen im Sonnensystem. Insgesamt stellt die Erde ein großes System dar, dessen Teile miteinander wechselwirken und fein aufeinander abgestimmt sind, ein System, das mit der lebenden Natur nicht nur harmoniert, sondern wesentlich von ihr geprägt wird. Das beeindruckendste Beispiel für die zahllosen Wechselwirkungen zwischen Leben und unbelebter Natur ist die Entstehung der Sauerstoffatmosphäre der Erde durch die Photosynthese der Einzeller und Pflanzen. Wie wir von der Evolution der Organismen sprechen, müssen wir von der Evolution der Erde als ganzer sprechen, die erst die Voraussetzung für die Entwicklung des Lebens auf ihr war.

Und so wollen wir nun folgerichtig mit der Evolution der Erde fortfahren. Die erste Phase der Erdgeschichte wirft die Frage auf, woher eigentlich das Wasser stammt, denn unsere Traubenhyazinthe braucht unbedingt flüssiges Wasser.

DIE **ERDE** NIMMT UNTER DEN PLANETEN DES **SONNENSYSTEMS** EINE EINZIGARTIGE STELLUNG EIN, SIE IST **AUSSER-GEWÖHNLICH** BIS INS KLEINSTE **DETAIL**.

WASSER – DER STOFF, DER VOM HIMMEL FIEL

> WASSER! Du hast weder Geschmack noch
> Farbe noch Aroma.
> Man kann dich nicht beschreiben.
> Man schmeckt dich, ohne dich zu kennen.
> Es ist nicht so, dass man dich zum Leben
> braucht:
> Du bist das Leben!

ANTOINE DE SAINT-EXUPÉRY

Im Vorangegangenen haben Sie immer wieder gelesen, dass die Planeten aus einer Staub- und Gasscheibe entstanden sind. Die erdähnlichen Planeten haben sich gebildet, indem viele Felsbrocken zusammengestoßen sind. Das Gesteinsmaterial hat sich durch die Einschläge von großen Felsen so stark aufgeheizt, dass es glutflüssig wurde. Die leichten Elemente, wie Wasserstoff, Sauerstoff und Stickstoff, entwichen bei den Zusammenstößen fast ganz. Nur was an Gasen in Gesteinen gebunden war, verblieb auf dem jungen, heißen Planeten. Die schweren Elemente Eisen und Nickel sanken ins Zentrum, während die Elemente Magnesium, Silizium und Aluminium eine sich langsam abkühlende Kruste bildeten. Noch viele Millionen Jahre schlugen kilometergroße Felsbrocken auf, rissen die Oberfläche immer wieder auf und Magmaströme flossen über sie. Nun gilt es, Folgendes zu bedenken: Je geringer die Entfernung zur Sonne, desto höher war die Temperatur in der sie umgebenden Staub- und Gasscheibe. Die erdähnlichen Planeten waren anfangs glutflüssige Gesteinskugeln. Wie konnte sich aber unter diesen Bedingungen auch nur auf einem der inneren Planeten flüssiges Wasser ansammeln?

In der Tat belegen alle Modelle, dass das Innere des Sonnensystems viel zu heiß gewesen ist für gefrorenes oder flüssiges Wasser. Erst ab dem drei- bis fünffachen Abstand zwischen Erde und

Sonne waren die Temperaturen in der Scheibe so niedrig, dass Wasser in gefrorener Form auftreten konnte. In diesem Sektor des Sonnensystems gibt es noch heute eishaltige, felsige Überreste aus der Zeit der Planetenbildung. Selbst heute werden noch hin und wieder durch die Schwerkraft der äußeren Gasriesen Brocken in Richtung Sonne katapultiert. Das Licht der Sonne erwärmt die Oberfläche dieser Vagabunden derart, dass das Eis schmilzt und verdampft und ein langer Schweif am Himmel sichtbar wird – aus dem unscheinbaren Felsbrocken ist ein Komet geworden. Die Strahlung, die das Gas der Kometen abgibt, zeigt, dass sie zu erheblichen Teilen aus Wasser bestehen.

Diese Erkenntnisse führten zu folgendem Modell über den Ursprung des Wassers auf der Erde: Irdisches Wasser stammt überwiegend von Eisfelsen, die in den ersten 500 Millionen Jahren der Erdgeschichte einschlugen. Diese Eisbrocken stammten aus der Region zwischen Mars und Jupiter und kamen sehr häufig im frühen Sonnensystem vor. Von ihrem angestammten Platz auf geschlossenen Umlaufbahnen um die Sonne wurden sie vor allem durch die Wirkung der großen Masse des Jupiters immer wieder ins Innere des Sonnensystems gelenkt. Etliche davon trafen auch auf die noch glutflüssige, aber schon erkaltende Erde, die den Wasserdampf, der bei den Einschlägen in die Atmosphäre entwich, durch ihre Schwerkraft an sich binden konnte.

Es entstand eine erste Erdatmosphäre, die fast nur aus Wasserdampf, Kohlendioxid und Stickstoff bestand. In ihren ersten 500 Millionen Jahren umkreiste die Erde als ein immer noch ziemlich heißer, mit einer dichten Atmosphäre überzogener, an vielen Stellen seiner Oberfläche durch Vulkane aufgerissener und noch glutflüssiger Gesteinsball die Sonne. Und jetzt passierte etwas ganz Wichtiges: Es begann zu regnen – und wie.

Und schnell und unbegreiflich schnelle
Dreht sich umher der Erde Pracht;
Es wechselt Paradieseshelle
Mit tiefer, schauervoller Nacht.
Es schäumt das Meer in breiten Flüssen
Am tiefen Grund der Felsen auf,
Und Fels und Meer wird fortgerissen
In ewig schnellem Sphärenlauf.
Und Stürme brausen um die Wette
Vom Meer aufs Land, vom Land aufs Meer,
und bilden wütend eine Kette
Der tiefsten Wirkung rings umher.
Da flammt ein blitzendes Verheeren
Dem Pfade vor des Donnerschlags.
Doch deine Boten, Herr, verehren
Das sanfte Wandeln deines Tags.

JOHANN WOLFGANG VON GOETHE

Die Erde kühlte sich ab, und der Wasserdampf in der Atmosphäre verwandelte sich in den größten und längsten Regen, den der Planet je erlebt hat. Als ununterbrochener Niederschlag, 7000 mm pro Quadratmeter und Jahr, schüttete es zehnmal stärker als der stärkste Monsunregen. Diese Sintflut dauerte ungefähr 1000 Jahre, und die Ozeane waren geschaffen. Damals bedeckten die Meere fast die ganze Erdoberfläche, heute sind es immer noch fast drei Viertel, die, abgesehen vom Grundwasser im Gestein, das Wasserreservoir der Erde darstellen. Seit damals verändert sich ständig der Anteil der Erdoberfläche, der von Wasser bedeckt war. Vor 20.000 Jahren etwa lag der Meeresspiegel 130 Meter tiefer als heute, und die Wasserfläche war beträchtlich kleiner. Schon immer verursachen die Bewegungen der Erdkruste die Verschiebung und Neubildung von Kontinenten und das Entstehen neuer

Ozeane ebenso wie die Schwankungen der Meeresspiegel. Wenn heute der Eispanzer auf Grönland und am Südpol schmelzen würde, stiege der Meeresspiegel um etwa 80 Meter an, und die Ozeanfläche würde sich entsprechend stark auf Kosten der Landfläche ausdehnen.

Aber bevor wir hier schon in die weitere Erdgeschichte vorpreschen, bleiben wir erst einmal in der Erdfrühzeit und lassen es regnen. Der Regen fiel auf heißes Land, verdunstete zu Wolken, regnete wieder ab und stieg erneut als Wasserdampf auf. Der endlose Kreislauf des Wassers hatte begonnen. Je kühler die Erde wurde, umso mehr Wasser verblieb auf der Oberfläche oder versickerte im Untergrund. Dort löste das Wasser Gesteine auf, vor allem Salze, trat wieder an die Oberfläche, verdunstete und schlug erneut als Regen nieder. Das Kohlendioxid der Atmosphäre wurde mit dem Regen auf die Oberfläche gebracht und verband sich durch Verwitterung und Regen zu Karbonat- und Silikatgesteinen – zu Kalk und Quarz.

In der Erdfrühzeit veränderte sich der Anteil der der Verwitterung preisgegebenen Landfläche teilweise drastisch. Große Mengen des ursprünglich in der Atmosphäre vorkommenden Kohlendioxids wurden in den Erdkörper und in die Meere transportiert. Andererseits sorgte der Vulkanismus aber auch für ständigen Nachschub von Kohlendioxid aus dem Erdinneren. In der frühen Erdgeschichte, vor zwischen 3,5 und 2 Milliarden Jahren, wurde sehr viel mehr Kohlendioxid durch die Gesteinsbildung verbraucht, als durch den Vulkanismus nachgeliefert wurde. Mit anderen Worten: Die Erdatmosphäre verlor in ihrer Frühzeit den bei Weitem größten Teil des atmosphärischen Kohlendioxids durch die Bildung kontinentaler Kruste und durch die Auflösung im Wasser der Meere.

Ergänzt wurde dieser anorganische Anteil des Kohlenstoffkreislaufes übrigens schon rund 500 Millionen Jahre nach der Erdentstehung, also vor rund vier Milliarden Jahren, durch den Kreislauf aus Kohlendioxid und organischem Kohlenstoff. Dieser war zunächst völlig unbedeutend, denn die Biosphäre (der Bereich des

Lebens) war zunächst ja nur sehr schwach entwickelt. Mit der Evolution der Lebewesen gewann dieser Teilkreislauf allerdings eine immer größere Bedeutung, vor allem zunächst durch den Aufbau von Kalkschalen bei den Meerestieren. Mit anderen Worten, das atmosphärische Kohlendioxid wurde in der Erdkruste ebenso gespeichert wie in fein verteiltem organischem Material in Sedimentgesteinen. Sedimente gibt es seit mindestens vier Milliarden Jahren, deren Entstehung schon in dieser frühen Zeit wird oft als Hinweis dafür angeführt, dass damals die Temperatur der Erdoberfläche 100 Grad Celsius nicht überschritten hat.

Das Verschwinden des weitaus größten Teils des Kohlendioxids aus der Atmosphäre muss dramatische Veränderungen nach sich gezogen haben. Rechnet man nämlich die in der Erdkruste gespeicherte Menge an Kohlendioxid um, kommt man auf eine Zusammensetzung der »Uratmosphäre« aus 95 Prozent Kohlendioxid bei einem Luftdruck, der 80- bis 100-mal so hoch gewesen sein musste wie heute. Da die restlichen 5 Prozent der Atmosphäre aus Wasserdampf und Stickstoff bestanden, muss ein ungeheurer Treibhauseffekt wirksam gewesen sein, der die Erdatmosphäre während der ersten 500 Millionen Jahre auf über 100 Grad aufheizte.

Wir wissen inzwischen alle, was der Treibhauseffekt ist: Die Erdoberfläche wird vom Sonnenlicht aufgeheizt und die von ihr abgegebene Wärmestrahlung wird vom Kohlendioxid und dem Wasserdampf in der Atmosphäre teilweise absorbiert – die Atmosphäre heizt sich auf. In derselben Weise arbeitete in der »Ur«-Atmosphäre, die anfangs fast nur aus Kohlendioxid und Wasserdampf bestand, ein gigantischer Treibhauseffekt. Als das Kohlendioxid schließlich aus der Atmosphäre verschwand, wurde der Treibhauseffekt der Atmosphäre immer schwächer und auf der Erde wurde es langsam immer kälter.

Wenn wir unseren Nachbarplaneten Venus näher betrachten, wird die Entwicklung der Erde besser verständlich. Die Venus hat heute noch die gleichen atmosphärischen Bedingungen, wie sie in den ersten 500 Millionen Jahren auf der Erde geherrscht haben müssen. Einige unserer Sonden haben direkt auf der Venusoberfläche

Temperatur, Druck und Zusammensetzung der Atmosphäre gemessen. Aus den Analysen ergab sich folgendes Bild: Die Venusatmosphäre besteht fast nur aus Kohlendioxid mit vereinzelten Wolken aus konzentrierter Schwefelsäure. Flüssiges Wasser gibt es nicht und Wasserdampf kommt nur in verschwindend geringen Mengen vor. Der Luftdruck an der Oberfläche ist 90-mal so hoch wie auf der Erde und die Temperatur beträgt 450 Grad Celsius.

DIE VENUS HINTER WOLKEN AUS KOHLENDIOXID UND KONZENTRIERTER SCHWEFELSÄURE. SIE DREHT SICH ALS EINZIGER PLANET UNSERES SONNEN-SYSTEMS ANDERS ALS DIE ANDEREN. (NASA / NSSDC PHOTO GALLERY VENUS)

Auf der Venus hat es offenbar nie geregnet, es hat nie einen nennenswerten Transport atmosphärischen Kohlendioxids ins Gestein oder die Meere gegeben. Der Verbleib des Kohlendioxids in ihrer Atmosphäre beschleunigte den damit einhergehenden immensen Treibhauseffekt und hält die Venus seit ihrer Entstehung auf maximaler Temperatur. Leben konnte sich unter diesen Bedingungen nicht entwickeln – die Venus ist eine heiße Hölle.

Zurück zu unserem Heimatplaneten. Anfangs war auch er eine solche Hölle, aber heute kennen wir ihn als lebensfreundlichen, ja eigentlich paradiesischen Aufenthaltsort. Wie konnte seine Entwicklung so ganz anders verlaufen als die der Venus? Es gibt eine ganze Reihe von Unterschieden, deren Kombination zu den völlig verschiedenen Entwicklungen geführt hat.

Zunächst steht die Venus der Sonne etwas näher, sie wird also intensiver von der Sonne bestrahlt und erwärmt. Außerdem dreht sich die Venus kaum; während sie sich einmal um die Sonne bewegt hat, hat sie noch keine ganze Umdrehung vollendet. Zudem dreht sie sich als einziger Planet im Sonnensystem, verglichen mit den anderen Planeten, in die Gegenrichtung. Vielleicht lässt sich dieses merkwürdige Verhalten auf einen fulminanten Zusammenstoß mit einem anderen großen Himmelskörper in ihrer Frühzeit zurückführen, den sie zwar als Gesteinsplanet überlebte, aber dabei fast ihre ganze Drehenergie verlor, wir können heute nur Vermutungen anstellen. Die langsame Drehung um die eigene Achse und ihre Nähe zur Sonne haben dazu geführt, dass es auf der Venus nie regnete und das Kohlendioxid für immer in der Atmosphäre verblieb, was den galoppierenden Treibhauseffekt hervorrief, den wir heute auf ihrer Oberfläche messen können.

Auf der Erde dagegen wurde fast das gesamte Kohlendioxid in der Gesteinskruste deponiert, und die zunächst sehr dichte Atmosphäre aus Wasserdampf und Kohlendioxid lichtete sich zunehmend. Das Kohlendioxid wurde eingelagert und verschwand fast komplett von der sich langsam abkühlenden Oberfläche, denn es bildete sich aus dem Erdmantel eine dauerhafte Kruste – die Kontinente und die Ozeane entstanden, weil sich aus der Atmosphäre der Wasserdampf als Regen niederschlug. Kohlendioxid konnte zunächst physikalisch und chemisch im Ozean gelöst werden, indem es durch den einsetzenden Silikat-Karbonat-Kreislauf über Verwitterung und Kalkbildung gebunden und auf der kontinentalen Kruste abgelagert wurde. Vor allem durch die

Versenkung der Erdkruste in den sog. Subduktionszonen wurden die größten Mengen an Kohlendioxid der Wiederverwertung in der Atmosphäre vollständig entzogen; Nachschub gab es nur noch durch vulkanische Aktivität an den Plattenrändern, aber insgesamt verschwand immer mehr Kohlendioxid im Erdinneren. Allmählich machte sich auch die Entstehung der ersten Bakterien bemerkbar, denn sie verbrauchten zusätzlich Kohlendioxid.

VULKANERUPTION. (OLIVER SPALT / HTTP://WWW.ARTWEISE.DE/)

Aufgrund der enormen Veränderungen der Erdoberfläche ist diese allerfrüheste Phase der Erdgeschichte nur sehr dürftig überliefert. Die ältesten gefundenen Minerale sind etwa 4,3 Milliarden Jahre alt, die ältesten Gesteine etwa vier Milliarden Jahre. Aus der Zeit davor beziehen wir unsere Informationen nur von Meteoriten, den benachbarten Planeten, dem Erdmond und theoretischen Überlegungen und Analogieschlüssen. Der Verwitterungskreislauf der Gesteine und damit auch das Vorkommen von flüssigem Wasser sind seit mindestens vier Milliarden Jahren nachgewiesen. Die ältesten Bakterien sind rund 3,5 Milliarden Jahre alt, aber wahrscheinlich gehen flüssiges Wasser und bakterielles Leben noch viel weiter in die Erdgeschichte zurück, vermutlich deutlich über vier

Milliarden Jahre. Der Grund, auf dem sich das alles abspielte und noch abspielt, war und ist nicht stabil. Er schwimmt auf glutflüssigen, auf- und absteigenden Gesteinsströmen.

VON SCHWIMMENDEN PLATTEN

Auch heute ist die Erde im Innern immer noch heiß und glutflüssig. Wenn Vulkane ausbrechen, erfahren wir mit voller Wucht, welche im wahrsten Sinne des Wortes titanischen Kräfte in der Erdkugel am Werke sind. Flüssiges Gestein wird von Wasserdampf und Gasblasen an die Oberfläche getrieben und schießt aus den Öffnungen der Erdkruste heraus. Die Erde verbirgt unter ihrer wenige Kilometer dicken Kruste ein sehr aktives Innenleben. Eingeschlossen im vermischten Gesteinsbrei finden sich Atomkerne von radioaktiv instabilen, schweren chemischen Elementen wie Thorium und Uran. Deren radioaktiver Zerfall setzt seit Jahrmilliarden sehr viel Energie frei. Zusammen mit dem durch ihre eigene Masse erzeugten Schwerkraftdruck heizt die Wärme der radioaktiven Elemente das Erdinnere so sehr auf, dass es fast komplett flüssig ist. Nur der innerste Kern aus Eisen und Nickel steht unter so hohem Druck, dass er zu einer festen Kugel kristallisierte.

Bei jedem Kristallisationsprozess wird Wärme frei, so auch, wenn aus Wasserdampf flüssiges Wasser wird. Im selben Prozess entstand durch die Kristallisation des festen Erdkerns ein noch heute wirksamer Wärmeüberschuss im Erdinneren, der zu sogenannten Konvektionsströmungen im geschmolzenen Gestein des Erdmantels führte und auch heute noch führt. Wie aus einem Topf mit Tomatensauce auf einer heißen Herdplatte immer wieder Sauce herausspritzt, so bricht seit Urzeiten geschmolzenes Gestein unter dem Druck der inneren Strömungen an den dünnsten Stellen durch die Erdkruste an die Oberfläche.

Natürlich war die Erde früher wesentlich heißer als heute, sodass die inneren Strömungen noch viel häufiger durch die Oberfläche brachen und immer wieder gewaltige vulkanische Eruptionen verursachten. Dabei verkrustete die Oberfläche immer wieder neu, kühlte sich ab, wurde dicker und brach schließlich in ein Mosaik unterschiedlicher Platten auseinander. So begann der für unsere Augen unsichtbare, weil unendlich langsame, Tanz der Platten, der bis heute anhält – die Plattentektonik. Die Platten schwimmen wie Schiffe auf dem Ozean der heißen, flüssigen Erdmaterie. Hier und da prallen sie aufeinander, während sich anderswo Spalten öffnen, neues Magma aus den Tiefen aufsteigt und als Kruste zu Gestein erstarrt. In der Erdfrühzeit hat ein Kreislauf der Gesteine begonnen, der sich seit Jahrmilliarden vollzieht, die Erdoberfläche ständig verändert und letztlich für den wohnlichen Charakter unseres Heimatplaneten verantwortlich ist.

Heute können wir vor Ort beobachten, wie sich auf Island oder dem Meeresgrund des Atlantiks, am mittelatlantischen Rücken, ständig neue Erdkruste bildet und dabei zum Beispiel die Platten des amerikanischen Kontinents von Europa und Afrika langsam wegdrückt. Der Meeresboden wächst pro Jahr etwa mit der Geschwindigkeit, mit der unsere Fingernägel wachsen. Die Kontinente auf beiden Seiten des mittelozeanischen Rückens bewegen sich in dieser Geschwindigkeit voneinander fort. Das erklärt auch, warum die Ozeane nicht schon längst unter dem Schutt der in ihnen seit Jahrmilliarden abgelagerten Sedimente erstickt sind. Der Meeresboden ist geologisch betrachtet sehr jung, nur ungefähr 200 Millionen Jahre – kein Ozean auf der Erde ist älter. Die Gesteine der Kontinente hingegen sind über drei Milliarden Jahre alt.

In dem Maße, wie neue Kruste längs der Gebirgsrücken im Meer entsteht, muss alte Kruste verschwinden – die Erde würde ja sonst immer größer werden. Diese Hypothese begründet die Theorie der Kontinentalverschiebung, die Plattentektonik. Sie ist für die Erdwissenschaften von gleicher Bedeutung wie die Quantenmechanik oder Relativitätstheorie für die Physik.

Die Plattentektonik bildet den theoretischen Rahmen, in dem sich die aktuellen Vorgänge auf der Erdoberfläche genauso verstehen lassen wie die schon lange vergangenen Phasen der Erdgeschichte: Die Platten bewegen sich auf der zäh plastischen Erdkruste, wie Handtücher auf Wasser. Entlang der mittelozeanischen Rücken entfernen sich die Platten voneinander. Dort, wo eine ozeanische Platte auf eine kontinentale trifft, schiebt sich der Rand der Kontinentplatte über die ozeanische Platte, die in die Tiefe absinkt. Der Rand der Kontinentalplatte wird zu Gebirgen empor-gewölbt wie zum Beispiel dem Himalaya-Gebirge, welches sich infolge des 75 Millionen Jahre währenden Druckes der Indischen Platte auf die Eurasische Platte zu einem immerhin knapp 9000 Meter hohen Gebirge aufgetürmt hat. Trifft vor der Küstenlinie eine ozeanische auf eine kontinentale Platte, so entstehen Insel-gruppen; Japan ist das Ergebnis der in die Tiefe abtauchenden pazifischen Platte, die beim Zusammenstoß mit der Eurasischen Platte unter ihr verschwindet.

An den Randzonen der Platten treten durch heftige Spannun-gen in der Erdkruste oft Erdbeben und Vulkane auf. Entgegen früherer Theorien sind es die Platten, die die Oberfläche des Planeten aufbauen, sie bewegen sich und nicht die Kontinente.

Wir können also zusammenfassen: Der Antrieb für die Plattenbe-wegungen ist die Wärme des Erdkerns und des radioaktiven Zerfalls im Erdmantel. Die Erde kühlt sich ab. Der Wärmetrans-port wird durch die langsamen Konvektionsströme hinauf zur Oberfläche bewerkstelligt und schließlich an die Atmosphäre abgegeben. Dieser Wärmetransport ist gleichzeitig ein Materie-transport und damit der Motor, der die Plattentektonik seit Anbeginn der Erdgeschichte antreibt und die Gesteinsmassen des Erdkörpers durchknetet. Dabei hat sich die Erdoberfläche ständig verändert, die Drift der Platten führte in geologischen Zeiträumen zur Verschmelzung von Landmassen und Superkontinenten, die ihrerseits wieder in Einzelteile zerbrachen, ein zyklischer Vor-gang, der sich fortwährend abspielt.

Die moderne Landkarte ist, geologisch gesprochen, nur ein Schnappschuss. Die heutige Lage der Kontinente ist das Ergebnis einer Bewegung, die vor etwa 180 Millionen Jahren begonnen hat. Damals begann der jüngste Superkontinent Pangäa auseinander-zubrechen, und neue, innere Ozeane öffneten sich. Das Wachsen eines zunächst flachen inneren Meeres, wie zum Beispiel des Atlantischen Ozeans, auf Kosten des älteren und tieferen Super-ozeans führte zu einem Anstieg des Meeresspiegels. Die Kontinente wurden teilweise überflutet. Vor etwa 80 Millionen Jahren hatte der Wasserstand seine maximale Höhe erreicht, mit dem Älter- und Tieferwerden der neuen Ozeane sank er wieder ab. Langsam wurde das heutige Gesicht der Erde erkennbar. Vor 180 bis 140 Millionen Jahren begann zunächst der nördliche Teil Pangäas, Laurasia, sich von dem südlichen Gondwana zu trennen.

DIE HEUTIGE LAGE DER **KONTINENTE** IST DAS ERGEBNIS EINER BEWE-GUNG, DIE VOR ETWA **180 MILLIONEN** JAHREN BEGONNEN HAT.

Gondwana zerfiel bald darauf in Australien, Madagaskar, Indien und die Antarktis. Laurasia teilte sich in Nordamerika und Eurasien. Alle das moderne Gesicht der Erde prägenden Kontinente hatten sich schon vor rund 90 Millionen Jahren abgespalten. Vor 45 Millionen Jahren erreichte Indien endlich den asiatischen Kontinent, und das dazwischenliegende Meer versiegte. Heute arbeitet Afrika an der Schließung des Mittelmeeres. Dieses muss bereits einige Male ausgetrocknet gewesen sein, darauf weisen die mächtigen Salzablagerungen in Südfrankreich hin. Italien, Griechenland und Teile des Baltikums gehören zur afrikanischen Platte, deren Schub in Richtung Europa von jedem Besucher der Alpen bewundert werden kann. Die Alpen sind nämlich das Ergebnis des Zusammenstoßes der beiden kontinentalen Platten. Das Gesicht unserer Erde wird sich auch in Zukunft weiter verändern.

Aber früher? Gab es vor Pangäa auch schon einmal getrennte Kontinente? Das ist nicht so einfach zu rekonstruieren, weil die alten Meeresböden fehlen. Denn sie sind durch das Abtauchen unter die Kontinentalplatten schon längst wieder im Erdinneren verschwunden. Das Modell des Superkontinent-Zyklus stützt sich deshalb vor allem auf ähnliche geologische Schichtungen auf verschiedenen Kontinenten, die uns Kunde geben von der Zeit vor Pangäa.

Aus der Verknüpfung von Gebirgsgürteln, die durch jüngere Plattenbewegungen getrennt wurden, lässt sich die Bildung Pangäas nachbauen. Vor etwa 450 Millionen Jahren vereinigte sich Laurentia, ein Kontinent, der einen großen Teil des heutigen Nordamerikas umfasste, mit Baltica, dem heutigen Nord- und Osteuropa, zu Laurasia. Bei diesem Zusammenstoß entstand eine heute schon fast völlig verschwundene Gebirgskette, die von Nordskandinavien über Schottland und Irland bis nach Grönland und Neufundland führte. Vor ungefähr 360 Millionen Jahren traf Laurasia auf Gondwana, den südlichen Superkontinent, der die heutigen Landmassen von Indien, Afrika, Südamerika, Australien und der Antarktis umfasste. Dabei bildeten sich zum Beispiel die Appalachen, ein Gebirgszug im Osten der USA.

Die Suche nach noch älteren Teilen von Gebirgen ist natürlich noch viel schwieriger. Insgesamt ergeben aber die Altersbestimmungen der Gesteine, die als Spuren kontinentaler Verschmelzungen und Brüche erhalten sind, dass Superkontinente schon vor mehreren Milliarden Jahren existierten. Offenbar bildet sich etwa alle 500 Millionen Jahre ein Superkontinent und driftet wieder auseinander.

Und das geht so weiter, denn in den kommenden 50 Millionen Jahren werden das Mittelmeer, das Schwarze Meer und das Kaspische Meer verschwunden sein, denn die Verschmelzung von Afrika mit der Eurasischen Platte steht, geologisch gesprochen, kurz bevor. Es wird sich dann ein 6000 Meter hohes Gebirge von Frankreich bis ins heutige Syrien erstrecken, Polen und Weißrussland werden zum »Alpenvorland«. Grönland wird sich in Richtung Kanada und Alaska auf die Reise begeben. Die afrikanische Kontinentalplatte wird sich durch den Zusammenstoß mit Europa und Asien derartig verbiegen und krümmen, dass ein breiter Meeresarm des Indischen Ozeans den ostafrikanischen Graben überflutet und Teile von Afrika eine neue Insel bilden. Diesem Zusammenstoß wird auch das Rote Meer zum Opfer fallen, denn die arabische Halbinsel wird sich mit dem heutigen Irak vereinigen. Derweilen driftet Nordamerika von Europa weg, in Richtung Asien. Südamerika schiebt sich in Richtung Norden und verschlingt dabei Teile der Karibik. Kuba trifft auf Florida. Japan wird verschwinden, genauso wie Indonesien, das von Australien geschluckt wird. Der antarktische Kontinent wird sich vom Südpol entfernen. Die Erde wird völlig anders aussehen als heute.

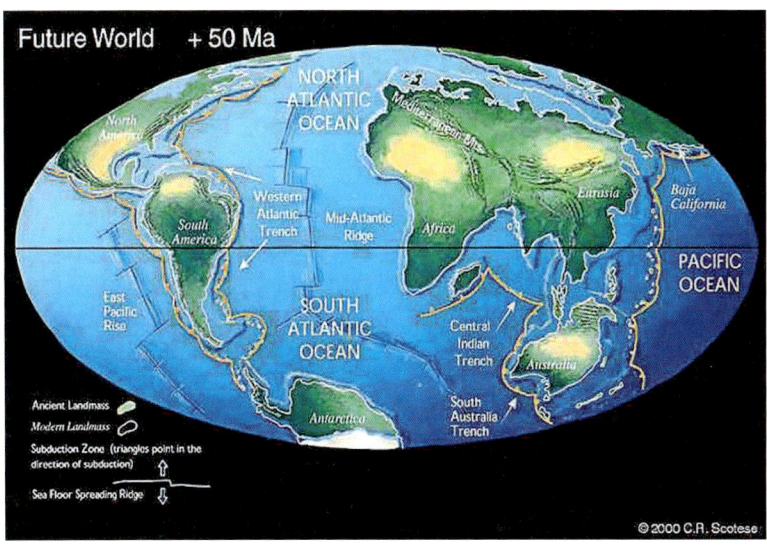

DIE WELT IN 50 MILLIONEN JAHREN – VERÄNDERT DURCH KONTINENTALVER-SCHIEBUNGEN (SCOTESE, C. R., 2001, ATLAS OF EARTH HISTORY, VOLUME 1, PALEOGEOGRAPHY, PALEOMAP PROJECT, ARLINGTON, TEXAS, 52 PP)

Eine ganz besonders interessante Folge der Plattenbewegungen ist der Mensch, und hier im Speziellen die Entwicklung der Homini-den bis hin zum modernen *Homo Sapiens*. Diese Gattung entstand vor ca. fünf Millionen Jahren in Ostafrika, und zwar vor allem unter dem Einfluss einer recht drastischen Klimaveränderung. Seit die indische Platte mit der asiatischen Platte zusammenstieß und das tibetanische Hochland samt dem Himalaya-Gebirge emporhob, veränderten sich die atmosphärischen Strömungen, die von jeher für den Monsunregen verantwortlich waren, und das Klima in Ostafrika wurde sehr viel trockener. Es regnete immer seltener, und Ostafrika trocknete so stark aus, dass sich die Lebewesen auf eine ganz neue Klimasituation einstellen mussten. Statt in dichten Regenwäldern versuchten sie nun in grasbedeckten Savannen zu überleben. Dies führte letztlich zum aufrechten Gang der Hominiden und im weiteren Verlauf zum *Homo Sapiens*. Auf der westlichen Seite des ostafrikanischen Grabens regnete es weiterhin sehr ausgiebig, denn die Winde brachten die mit Wasser gesättigte Luft vom Atlantik herbei.

Für uns Mitteleuropäer war eine andere tektonische Bewegung von großer Bedeutung: der Zusammenstoß von Nord- und Südamerika vor rund vier Millionen Jahren. Er leitete das in den Tropen aufgeheizte warme Wasser aus dem Atlantik in Richtung Norden um – der Golfstrom war geboren. Heute ist er die Warmwasserheizung Europas. Ohne den Golfstrom hätten wir in Mittel- und Westeuropa sibirische Verhältnisse.

Die Lage der Kontinente bestimmt also ganz wesentlich das Klima, und damit sind wir mittendrin in einem besonders wichtigen Thema – dem Klimawandel. Er war und ist entscheidend für die Entwicklung von Lebewesen im Allgemeinen und speziell für unser Wohlbefinden, aber auch für die kleine blaue Traubenhyazinthe.

VOM SCHNEEBALL ERDE UND SEINEM AUFTAUEN

So wie das Wetter heute ist, kann es früher nicht gewesen sein: Die heutige Durchschnittstemperatur auf der Erde beträgt rund 15 Grad Celsius. Unsere Atmosphäre besteht aus Stickstoff und Sauerstoff, alle weiteren Bestandteile (Kohlendioxid, Methan) sind heute nur in Spuren enthalten. Das war in der Uratmosphäre ganz anders. Etwa die 100.000-fache Menge des heutigen Anteils von Kohlenstoff in der Atmosphäre ist in organischen Sedimenten und

Kalkgestein gespeichert. Die sehr dichte und mit Wolken verhangene Uratmosphäre muss also zu etwa 95 Prozent aus Kohlendioxid bestanden haben und das bei einem Druck, der 80- bis 100-mal höher war als der heutige Luftdruck. Durch den gewaltigen Treibhauseffekt hielt sich die Oberfläche der Urerde zunächst noch auf ca. 100 Grad Celsius.

Die Entstehung von Leben fand also unter völlig anderen Bedingungen statt, als wir sie heute vorfinden, und trotzdem ist es gelungen. Die Konsequenzen für die Zusammensetzung der Atmosphäre blieben nicht aus: Anfänglich verringerte sich der Kohlendioxidgehalt fast ausschließlich durch Verwitterung und Aufbau von Kalkgesteinen. Durch die im Laufe der Erdgeschichte fortschreitende Evolution trat jedoch die Biosphäre als treibender Motor für den Kohlenstoffkreislauf und die Klimaentwicklung immer stärker in den Vordergrund. Die Menge an Biomasse erhöhte sich gewaltig. Vor allem mit der Ausbildung der Waldsysteme stieg die Biomasse um das Tausendfache. Zusätzlich entwickelten die Primärproduzenten – nämlich Bakterien, Plankton und Landpflanzen – immer stabilere Zellwand- und Stützgewebe, die bei der Zersetzung prinzipiell nur zum Teil zu Kohlendioxid und Wasser zurückverwandelt werden. Ein großer Teil bleibt unzersetzbar und wird langfristig im Erdboden gespeichert. Aus diesem organischen Material, auch Kerogen genannt, wird unter günstigen Bedingungen in Jahrmillionen ein fossiler Brennstoff. In der Urzeit blieben nur Spuren von Kohlendioxid in der Atmosphäre, ohne diese Reste jedoch wäre der Treibhauseffekt gänzlich zusammengebrochen, und die unweigerlich anbrechende Eiszeit hätte unseren Planeten für immer zu einem Eisball erstarren lassen.

Seit der Urzeit wird das Klima im Wesentlichen von der Verringerung des Kohlendioxidanteils der Atmosphäre einerseits und der Zunahme der Strahlungsenergie der Sonne andererseits bestimmt. Während die Sonne stetig und gleichförmig stärker strahlte, verschwand das Kohlendioxid in Schüben, welche durch mal mehr, mal weniger Verwitterung, Kalkbildung oder Bindung in der Biomasse verursacht wurden. So kam es im Verlauf der Erdgeschichte zu einem mehrfachen Wechsel von Kalt- und Warmphasen. Ob dabei großflächige Vereisungen auftraten, hing zusätzlich von anderen überlagernden Klimafaktoren, wie z.B. der räumlichen Verteilung der Kontinente ab.

Lassen Sie uns kurz die wichtigsten Stationen der Klimaentwicklung wiederholen, weil diese Kenntnisse gerade heute wieder von weitreichender Bedeutung sind: Vor 4,5 Milliarden Jahren war die Erde noch ein glutflüssiger Ball mit Oberflächentemperaturen von mehr als 1200 Grad Celsius. Zu dieser Zeit gab es keine dauerhafte Atmosphäre oder Ozeane und die Sonne stabilisierte sich in der Phase des Wasserstoffbrennens als Stern. Ihre Strahlungsleistung betrug zunächst nur etwa 70 Prozent des heutigen Wertes, steigerte sich aber kontinuierlich bis heute. Die Oberfläche der Erde kühlte langsam ab, und durch Ausgasung bildete sich eine Atmosphäre. Möglicherweise ging diese durch heftige Meteoriteneinschläge mehrfach wieder verloren, wurde aber immer wieder durch starken Vulkanismus neu gebildet. Der extrem hohe Luftdruck glich die geringere Strahlungsleistung der jungen Sonne aus. Die Atmosphäre war sehr dicht und bestand zu einem Großteil aus Kohlendioxid, welches heute in der Erdkruste gebunden ist, zum andern aus Wasserdampf in solcher Menge, dass später ganze Ozeane damit gefüllt werden konnten.

Nachdem sich die Oberfläche der Erde ausreichend abgekühlt hatte, sodass Erdkruste und Kontinente gebildet waren, begann ein etwa tausend Jahre andauernder Regen, der die Vertiefungen mit Ozeanen anfüllte. In ihnen löste sich eine große Menge des Kohlendioxids physikalisch und chemisch auf. Zusätzlich wurde durch den nun einsetzenden Silikat-Karbonat-Kreislauf über die Verwitterung und Kalkbildung sehr viel Kohlendioxid gebunden, in der kontinentalen Kruste abgelagert und dem atmosphärischen Recycling durch das Abtauchen der Kruste dauerhaft entzogen. Allmählich machte sich auch die Primärproduktion der Bakterien bemerkbar und erhöhte zusätzlich den Verbrauch an Kohlendioxid. So weit die Wiederholung.

Die nächste Phase der Erdgeschichte, die der langsamen Abkühlung und des stetigen Kohlendioxid-Verbrauchs, hielt bis vor etwa 2,5 Milliarden Jahren an. Schließlich unterschritt das Energiebudget der Erde einen kritischen Wert, und die erste große Eiszeit setzte für etwa 200 Millionen Jahre ein. (Zum Vergleich: das Zeitalter der Dinosaurier war mit 135 Millionen Jahren deutlich kürzer.) Sehr wahrscheinlich handelte es sich nicht um eine durchgehende Eiszeit, sondern um mehrere, sich mit Warmzeiten abwechselnde Vereisungsphasen. Phasen hoher organischer Produktion und chemischer Verwitterung verbrauchten viel Kohlendioxid – die Oberfläche vereiste. Nun kamen die bakterielle Produktion und die chemische Verwitterung weitgehend zum Erliegen und der Kohlendioxid-Wert in der Atmosphäre stieg wieder an. In der Folge kam die Vereisung zum Stillstand und eine wärmere Zeit begann. Dieser Wechsel wiederholte sich, bis die Sonnenstrahlung, die inzwischen auf etwa 85 Prozent des heutigen Wertes gestiegen war, den Mangel an Kohlendioxid wieder ausglich.

Am Ende der Eiszeitperiode traten erstmals Sedimente auf, die durch Schichtungen und Ablagerungen entstanden waren. Sie hatten eine auffällig rote Farbe. Und hier muss erstmals der Sauerstoff ins Spiel gekommen sein, und zwar frei in der Atmosphäre, denn die rote Farbe der Sedimente entsteht schlicht und einfach durch – Rost. Rost ist Eisen, das freiem Sauerstoff ausgesetzt war.

Vor 2,5 Milliarden Jahren setzte die nächste große Veränderung der Erde ein, wieder durch einzellige Lebewesen. Die Photosynthese war entstanden, und sie brachte nahezu dramatische Veränderungen mit sich. Damals hielt zunächst vor allem der Stoffwechsel der Bakterien den Kohlendioxidanteil der Atmosphäre auf einem Vielfachen, möglicherweise 20-Fachen des heutigen Wertes. Der Sauerstoffanteil in der Atmosphäre und im Oberflächenwasser der Ozeane stabilisierte sich auf etwa 0,5 bis 1 Prozent des heutigen Wertes und ließ damit vielfältige Stoffwechselwege, mit und ohne Sauerstoff, zu. Zudem erschienen einerseits autotrophe Bakterien, d.h. solche, die auf organische Stoffe verzichten und anorganische Substanzen in körpereigene organische Substanzen umwandeln können. Autotroph sind die grünen Pflanzen, sie ernähren sich von Mineralien und Photosynthese, und viele Zellen ohne Zellkern, die sog. Prokaryoten. Andererseits erschienen zum ersten Mal heterotrophe Organismen, die zum Aufbau ihrer Zellsubstanz und für ihren Energiestoffwechsel organisches Substrat (Kohlenstoffverbindungen) benötigen und somit von anderen Lebewesen abhängig sind. Heterotroph sind die meisten Bakterien, die Pilze und die Tiere. Von nun an hieß es »Fressen und gefressen werden«. Die Bakterien entwickelten die Fähigkeit, sich zu vielzelligen, aber überwiegend undifferenzierten Aggregaten zusammenzulagern. Den entscheidenden Impuls für die Höherentwicklung gab aber der Einbau von heterotrophen und autotrophen Bakterien als funktionale Einheiten in andere Bakterien. Durch diese Kooperation entstanden vor etwa 2,3 Milliarden Jahren tierische und pflanzliche Eukaryoten mit deutlich stabileren Zellwandstrukturen als bei den Bakterien. In der Folgezeit wurde durch eine gesteigerte organische Produktion und Einbettung der zersetzungsresistenten Zellwandstrukturen in die Erdkruste der Atmosphäre erneut viel Kohlendioxid entzogen. Verstärkt wurde dieser Trend zusätzlich durch die vor etwa 1,5 Milliarden Jahren auftauchenden mehrzelligen Organismen.

Vor etwa 900 bis 600 Millionen Jahren vermehrten sich Bakterien und Plankton enorm, zudem begann das langsame Aufblühen der Algen. Die damit einhergehende biogene Verringerung des atmosphärischen Kohlendioxids verursachte eine deutliche Abkühlung des Erdklimas. Diese Eiszeitperiode war zwar durch viele längere Warmphasen unterbrochen, aber vermutlich war es die gravierendste Vereisungsperiode, die es je auf der Erde gab und bei der selbst niedrige Breiten bis in die Äquatorregion betroffen waren. Man spricht hier auch vom »Schneeball Erde«. Nach Abklingen dieser extremen Eiszeit vor rund 600 Millionen Jahren strahlte die Sonne etwa mit 96 Prozent der heutigen Kraft, und der Kohlendioxid-Gehalt der Atmosphäre lag vermutlich 15- bis 20-mal höher als heute. Damals herrschte ein bis in hohe Breiten ausgeglichenes Klima. Der Sauerstoffgehalt der Luft erreichte schon einige Prozent und erlaubte vielfältiges pflanzliches und tierisches Leben. In diese Phase fiel auch die Entwicklung der Hartteile, wie Knochen, Kalkschalen und pflanzliche Stützgewebe, die in der Folgezeit eine starke Zunahme der Artenvielfalt und der Individuengröße der Organismen förderte.

Die nächste Vereisungsperiode war nicht mehr so gravierend und nur auf die Südpolregion beschränkt. Ihre Ursache lag wahrscheinlich in der Entstehung der Landpflanzen, die vor ca. 450 Millionen begannen, sich am Festland zu etablieren. Zu dieser

Zeit sank der Kohlendioxidgehalt auf etwa das Zehnfache des heutigen Werts.

Bereits kurze Zeit nach der ersten Besiedlung des Festlandes durch Pflanzen entstanden vor ca. 400 Millionen Jahren verholzte Gewächse, die bald Bäume und nach und nach richtige Waldökosysteme bildeten. Dadurch wuchs die Biomasse noch einmal auf Kosten des atmosphärischen Kohlendioxids. Vor etwa 360 Millionen Jahren kam es zu einer regional begrenzten Vereisung in Südamerika, das damals in der Südpolregion lag. Durch den ständigen Anstieg der Pflanzenpopulation auf dem Festland erhöhte sich auch die Produktion von freiem Sauerstoff durch Photosynthese, und vor ca. 300 Millionen Jahren näherte sich der Sauerstoffgehalt der Atmosphäre seinem heutigen Wert. In diese Zeit fällt eine vierte Vereisungsphase, die weite Teile des Südkontinents Gondwana betraf. Immer wieder vereist waren Südamerika, das südliche Afrika, Teile von Australien, Indien und die Antarktis. Durch die Kollision der Kontinente formte sich der Superkontinent Pangäa. Danach kam die plattentektonische Aktivität vorübergehend zum Stillstand, was den Kohlendioxid-Ausstoß durch Vulkanismus verringerte und den Treibhauseffekt abschwächte. Diesen Effekt hatte auch die globale Ausbreitung von Waldökosystemen, die schlicht der Atmosphäre Kohlenstoff entzogen, indem sie ihn in biologischen Systemen banden und er letztlich in der Erdkruste als Kohle-Lagerstätten gespeichert wurde. Der Anteil von Sauerstoff in der Luft lag wahrscheinlich höher als heute.

Vom ausgehenden Erdaltertum vor 270 Millionen Jahren bis vor ca. 35 Millionen Jahren herrschte auf der Erde ein Klima ohne große Vereisungen. Mit der Entwicklung der Landtierwelt (Amphibien, Reptilien, Insekten etc.) übernahmen heterotrophe Organismen eine wichtige Rolle beim Recycling des organischen Materials und somit als Kohlendioxid-Produzenten. Zusätzlich wirkten sich die Zunahme der Sonnenenergie und das Zerbrechen von Pangäa mit der damit einhergehenden Erhöhung des vulkanischen Kohlendioxids auf das Klima aus.

Solange Pangäa existierte (bis etwa vor 180 Millionen Jahren), war das Klima extrem kontinental geprägt, die Kontinente waren von riesigen Wüstengebieten durchsetzt und starken saisonal wechselnden Winden. Nach dem Zerbrechen von Pangäa stellten sich global warme und feuchte Bedingungen ein, die bis in hohe Breiten reichten. Vor etwa 100 Millionen Jahren erreichte diese Warmperiode ihren Höhepunkt mit ungewöhnlich hohen Temperaturen im tiefen Ozean von 14 bis 16 Grad Celsius. Etwa zu dieser Zeit setzten sich neue Phytoplanktontypen (Kieselalgen, Grünalgen und Blaualgen) im Ozean durch und auf dem Festland wurden die Blütenpflanzen dominant. Der Anteil der Biosphäre erhöhte sich damit noch einmal auf Kosten des atmosphärischen Kohlendioxidanteils.

Übrigens, Vorläufer der kleinen blauen Traubenhyazinthe, die zur Klasse der Bedecktsamer gehört, tauchten vor ca. 200 Millionen Jahren zum ersten Mal auf. Seit 140 Millionen Jahren gibt es zweifelsfrei Bedecktsamer, und seit ca. 35 Millionen Jahren dominieren die Blütenpflanzen die Flora auf der Erde. In diese Zeit fällt auch der Beginn der letzten großen Eiszeitperiode, und zwar mit der Vereisung der Antarktis, die sich seit dieser Zeit als isolierter, relativ kleiner Kontinent in zentraler Südpolposition befindet. Sie wird durch eine ringförmige Wind- und Wasserzirkulation vom Austausch mit wärmeren niedrigeren Breiten abgeschirmt. Dadurch kühlt sich das Wasser um die Antarktis ab und sinkt in die Tiefen der Ozeane. Diesem Effekt haben wir zu verdanken, dass die Weltmeere heute 12 bis 14 Grad kühler sind als vor 70 Millionen Jahren.

Seit etwa drei Millionen Jahren ist auch die Nordpolregion permanent vereist. Während der Zeitspanne von einer Million Jahren gab es zehn Phasen ausgedehnter Kontinentvereisung auf der Nordhalbkugel. Die Eisschilde von mehreren Kilometern Dicke reichten in Nordamerika bis zu den Großen Seen und von Skandinavien bis nach Mitteleuropa. Unser heutiges Klima gehört ebenfalls zu dieser Eiszeit, auch wenn wir gegenwärtig in einer eher wärmeren Zwischenphase leben. Die Ursache dieser jüngsten Eiszeit liegt in der Entstehung neuer Phyloplanktonorganismen (Krill), die heute die marine Primärproduktion bestimmen, und vor allem im Aufkommen der Blütenpflanzen vor etwa 100 Millionen Jahren, die den biogenen Kohlenstoffkreislauf noch einmal auf Kosten des atmosphärischen Kohlendioxids erhöhten. Obwohl die Sonnenenergie auch in den letzten 100 Millionen Jahren weiterhin leicht zugenommen hat, konnte damit das Kohlendioxid-Defizit nicht mehr ausgeglichen werden.

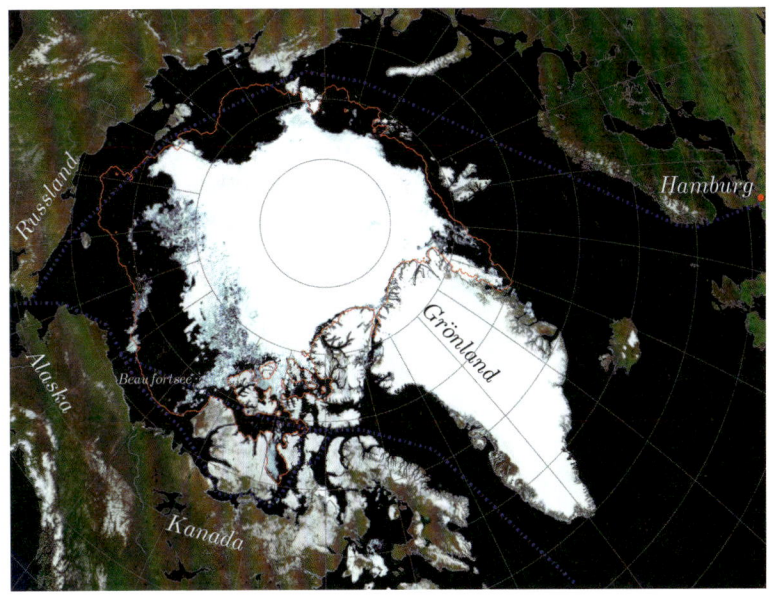

NORDPOL-EIS: EISABDECKUNG IM SEPTEMBER 2015 (© 2015 LARS KALESCHKE, UNIVERSITÄT HAMBURG; VERWENDETE DATENQUELLEN: JAXA AMSR2; NASA MODIS BLUE MARBLE. DANK DFG UND DEM EXZELLENZCLUSTERS CLISAP »INTEGRIERTE KLIMASYSTEMANALYSE UND -VORHERSAGE« (EXC 177))

NA, DAS WAR JETZT ABER EIN PARFORCE-RITT DURCH JAHRMILLIONEN! Offenbar hat neben den Lageänderungen der kontinentalen Platten auch das Phänomen Leben eine wichtige Rolle gespielt bei der Klimaentwicklung auf unserem Planeten. In den letzten 100 Millionen Jahren waren es vor allem auch die Blütenpflanzen, wie die kleine blaue Traubenhyazinthe, die der Atmosphäre nachhaltig Kohlendioxid entzogen und damit den Treibhauseffekt in der Atmosphäre so stark abgeschwächt haben, dass immer wieder Eiszeiten aufgetreten sind. Aber eine wichtige Frage haben wir bis jetzt noch nicht einmal berührt: Wie ist das Leben auf der Erde eigentlich entstanden?

Leben ist ja eine ganz besondere Form von Materie, und damit sind hier nicht die Bestandteile gemeint. Lebewesen bestehen vor allem aus Wasser und Kohlenwasserstoffverbindungen, die ihrerseits

eben aus Kohlenstoff-, Sauerstoff- und Wasserstoffatomen aufgebaut sind. Wasserstoff entstand schon drei Minuten nach dem
Urknall, und Sauerstoff und Kohlenstoff werden in Sternen
erbrütet. Diese Atomsorten gibt es, wie alle anderen Elemente
auch, überall im Universum. Nein, lebendige Materie unterscheidet
sich von toter Materie durch die Komplexität der Moleküle, die
sehr groß sind und einen besonderen räumlichen Aufbau besitzen.
Lebewesen sind äußerst bemerkenswerte Verbindungen von
ebenso bemerkenswerten Molekülen. Mit Lebewesen hat es etwas
ganz Besonderes auf sich: Sie wollen etwas!

MIT LEBEWESEN HAT ES ETWAS GANZ BESONDERES AUF SICH: SIE WOLLEN ETWAS!

Tote Materie verhält sich jeder äußeren Kraft gegenüber völlig
passiv. Stellen Sie sich einen Stein vor: Er zerfällt im Laufe der
Zeit, denn ohne Energiezufuhr hat Materie grundsätzlich die
Tendenz, sich in ihre Bestandteile aufzulösen. Lebewesen zerfallen
natürlich auch, aber gegen den Trend zum Zerfall können sie ihre
Struktur und damit eine gewisse Ordnung ihrer molekularen
Bestandteile für eine gewisse Zeit aufrechterhalten. Dieses Stem-
men gegen den Zerfall, den Tod, ist so lange erfolgreich, wie Lebewesen genügend Energie in der richtigen Form zugeführt wird.
Die Traubenhyazinthe braucht nur ausreichend Wasser, Mineralien und Sonnenlicht und sie wird so lange leben, wie es ihr
artenspezifisches Genprogramm vorsieht. Wir Menschen sind da
schon etwas anspruchsvoller. Wir müssen chemische Energie in
Form von pflanzlicher oder tierischer Nahrung aufnehmen. Es gibt
also einen wesentlichen qualitativen Unterschied zwischen toter
und lebendiger Materie, den es wenigstens ansatzweise zu klären

gilt, bevor mein Kollege und ich zu einer gemeinsamen Betrachtung der Traubenhyazinthe kommen.

VON DER ENTSTEHUNG DES LEBENS AUF DER ERDE

Wie bei der Entstehung des Kosmos, so gilt auch für die Entstehung des Lebens: Keiner war dabei! Diejenigen Lebewesen, die heute darüber nachdenken, wie das Leben entstanden ist, sind ja gerade das Ergebnis einer über mehrere Milliarden Jahre dauernden Entwicklung. Die verschiedenen Modellvorstellungen hier zu diskutieren wäre sehr vermessen, denn es gibt ganze Bibliotheken voller Literatur zu diesem Thema. Nein, es sollen nur einige ganz allgemeingültige, unmittelbar mit der Physik zusammenhängende Grundtatsachen angesprochen werden.

Wie kommt man auf ein Modell zur Entstehung des Lebens? Man beginnt mit der Annahme, dass die Naturgesetze, die wir kennen, schon immer in der uns heute bekannten Form gültig und wirksam waren. Mit anderen Worten, man unterstellt der Welt, dass sie schon immer genauso funktioniert hat wie heute. Außerdem benutzt man gewisse, hoffentlich für jeden sofort einsichtige Voraussetzungen.

Eine weitere Annahme ist die, dass sich die einfachsten Lebewesen zuerst entwickelt haben. Durch Kombination und Entwicklung der einfachen Lebewesen sind dann später die größeren und komplexeren Lebewesen entstanden.

Mit gewissen Einschränkungen sind diese Annahmen auch hilfreich bei der Rekonstruktion der Lebensgeschichte auf der Erde. Aber man muss in der Tat zweierlei bedenken: Erstens waren die Zusammensetzung der Erdatmosphäre in den ersten zwei Milliarden Jahren und die Oberflächentemperaturen in den ersten 500 Millionen Jahren sicherlich anders als heute, zweitens hat es in der Erdgeschichte Ereignisse gegeben, die ungeheure Aussterbewellen zur Folge hatten und in denen in mindestens einem Fall 90 Prozent aller Arten innerhalb einer geologisch kurzen Zeitspanne von weniger als zehn Millionen Jahren verschwanden. Der berühmteste Fall betrifft das Aussterben der Dinosaurier vor 65 Millionen Jahren, das wahrscheinlich durch den Einschlag eines großen Asteroiden zumindest mit gefördert wurde. Immer aber hat die biologische Evolution nach einer solchen Katastrophe wieder sehr schnell die frei gewordenen Nischen in der Umwelt mit den noch verbliebenen Lebewesen, bzw. deren Weiterentwicklungen, besetzt. Nicht zuletzt durch den Niedergang der Saurier kam es zum Siegeszug der Säugetiere und damit letztlich auch zur Gattung Homo, aus der der Mensch stammt.

Also kurz und gut, die Geschichte des Lebens lässt sich einigermaßen rekonstruieren. Es gibt zwar Lücken, vor allem am Anfang, aber für die letzten 600 Millionen Jahre lässt sich ein ganz guter Überblick und damit ein grobes Bild zeichnen.

Aber wie steht es mit dem Anfang des Lebens selbst? Davor war ja nichts. Im Grunde das gleiche Problem wie beim Anfang des Universums. Aber auch hier hilft ein ganz physikalischer Blick auf die Materie, und zwar egal, ob sie lebt oder nicht.

Die Materie ist aufgebaut aus Atomen. Die Atome verbinden sich zu Molekülen. Lebewesen sind aufgebaut aus sehr großen Kettenmolekülen, die überwiegend aus Kohlenstoff, Sauerstoff, Stickstoff und Wasserstoff bestehen. Andere Elemente wie Phosphor, Calcium, Eisen usw. sind in den langen Kohlenstoffketten eingebaut. Das Leben auf der Erde wird ganz sicher zunächst mit sehr einfachen, relativ kurzen Kohlenstoffverbindungen begonnen haben und im Laufe der Zeit immer kompliziertere und größere Molekülverbände aufgebaut haben. Diese Entwicklung bedurfte bestimmter äußerer Bedingungen, die den Auf- und Abbau von Molekülen ebenso gefördert haben wie die Entwicklung neuer Verbindungen. Sie haben schon erfahren, dass es in der Frühphase der Erde eine sehr dichte Atmosphäre aus Kohlendioxid und Wasser gab, die durch die vulkanische Aktivität der Erdoberfläche immer wieder mit anderen Verbindungen angereichert wurde. Die Gezeitenkraft des damals noch sehr nahen Mondes durchknetete das Erdinnere genauso wie die noch sehr heißen, glutflüssigen, immer wieder an die Erdoberfläche drängenden Magmaströme. In der Atmosphäre kam es ständig zu Gewittern und

Blitzentladungen. Es war heiß und die ultraviolette Strahlung der Sonne wurde noch nicht durch eine Ozonschicht absorbiert, d.h. sie erreichte ungefiltert die noch sehr warme Erdoberfläche.

Summa summarum gab es zahlreiche Energiequellen für die Entwicklung organischer Verbindungen. Flüssiges Wasser als Lösungsmittel, Ultraviolettstrahlung und Blitze lösten Verbindungen teilweise auf oder zerstörten sie ganz. Die sehr dramatischen atmosphärischen, vulkanischen und kosmischen Bedingungen ermöglichten ständig neue chemische Versuchsbedingungen. Der Beginn des Lebens ist das Ergebnis unzähliger chemischer Versuche in einem planetaren Labor unter ständiger Energiezufuhr von außen. Allerdings muss es auch Nischen in der Umwelt der frühen Erdgeschichte gegeben haben, in denen sich besonders stabile Moleküle ungestört langsam, also schrittweise weiterentwickeln konnten, ohne einem ständigen Zerstörungsdruck ausgeliefert zu sein. Denn wenn alle Moleküle sich immer wieder in Wasser aufgelöst hätten oder durch zu viel UV-Strahlung zerstört worden wären, wäre es nie zur ersten Zelle gekommen.

Selbst die allereinfachsten Zellen sind schon recht komplizierte chemische Einheiten, die sich selbst stabilisieren und vor den zerstörerischen Einflüssen der Umwelt durch eine sie umhüllende Molekülschicht, die Membran, zumindest teilweise gut schützen können. Wir haben also auf der einen Seite die Welt der molekularen Möglichkeiten, in der durch den schier unerschöpflichen Energiefluss äußerer Energiequellen immer wieder neue Verbindungen aufgebaut und die Überlebensfähigkeit der Moleküle ausprobiert wurden. Auf der anderen Seite gab es die Nischen, in denen erfolgreiche und damit stabilere Moleküle erhalten blieben und weitere Entwicklungsschritte unter besonders günstigen Bedingungen möglich waren. Wenn genügend Energiefluss vorhanden ist, verhält sich die Natur einerseits sehr progressiv im Ausprobieren, andererseits aber auch sehr konservativ, wenn sich bestimmte Verbindungen als besonders stabil erwiesen haben.

So haben während der Erdfrühzeit wahrscheinlich ganz unterschiedliche Faktoren zur Entstehung von Leben geführt: Neben den bereits angesprochenen Energiequellen und vor den recht gefährlichen Umweltbedingungen geschützten Nischen gab es die Gesteinsoberflächen, deren zerklüftete Oberflächen den Zusammenbau von Molekülen ebenso begünstigten wie die elektrische Anziehung zwischen den Atomen. Der immer wiederkehrende vulkanische Eintrag an besonders mineralreichen, warmen wässrigen Salzlösungen und deren Einbau in bereits vorhandene Moleküle hat erheblich zu deren Stabilität und damit Überlebensfähigkeit beigetragen.

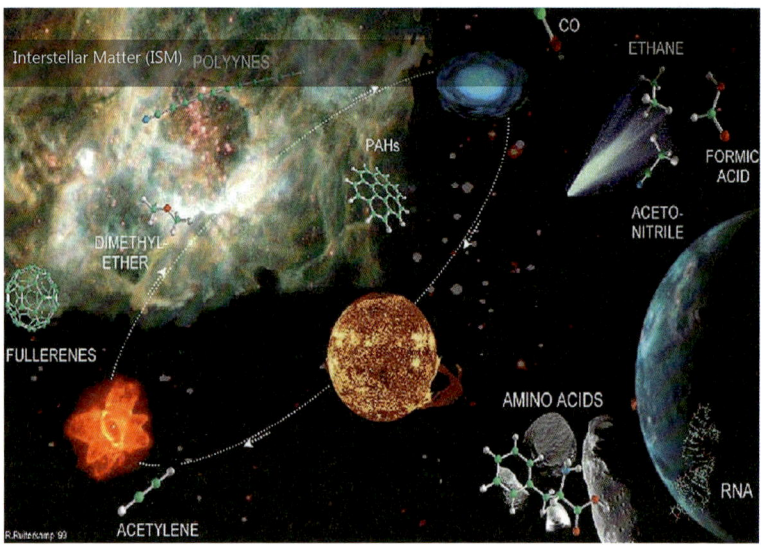

ALLE LEBEWESEN AUF DER ERDE BESTEHEN ZU 92 PROZENT AUS STERNENSTAUB.

Entscheidend war ganz sicher die Entstehung von membranartigen Kettenmolekülen, die in dem von ihnen umschlossenen Bereich einer wässrigen Lösung die Konzentration von Salzen oder Mineralen erhöhen konnten, indem sie Wassermoleküle am Eindringen hinderten. Diese hydrophoben Moleküle erzeugten mit einem Konzentrationsunterschied innerhalb der Membran neue physikalische Druck- und Dichtebedingungen, die wiederum den Aufbau und den Erhalt gewisser Molekülstrukturen sehr begünstigten. Die Moleküle innerhalb der Membran konnten viel intensiver miteinander in Wechselwirkung treten, da sie nicht ständig vom Wasser wieder aufgelöst wurden. Die Membranen ließen nur bestimmte

Atom- und Molekülarten in den von ihnen umhüllten Bezirk eindringen, und sie erlaubten chemischen Abfallprodukten, den geschützten Bereich zu verlassen. Der Anfang des Stoffwechsels war gemacht. Die Moleküle im Innern konnten sich auf diese Weise genau die Stoffe verschaffen, die sie zur Aufrechterhaltung und Weiterentwicklung benötigten. Möglicherweise gab es schon sehr früh in membrangeschützten Bezirken eine Arbeitsteilung unter den Molekülen, die zur Stabilisierung der Einheit und letztlich zum Aufbau einer ganz einfachen Zelle führte sowie deren Vermehrung ermöglichte. Die durch die Sonne und die vulkanische Aktivität aufgewärmten und aufgewühlten Meeresgründe und Seen waren vermutlich die Heimstätten der ersten Lebewesen.

Für den Physiker ist an dieser Stelle die Frage nach dem Ursprung des Lebens beantwortet. Die verschiedenen physikalischen Disziplinen, Thermodynamik, Atom- und Molekülphysik und die Physik der Wechselwirkung von Strahlung und Materie erklären die Grund- und Anfangsbedingungen für die Entstehung und Entwicklung großer organischer Ketten- und Ringmoleküle, die als Ausgangsprodukte zur Verfügung stehen mussten, damit sich einfache Zellen bilden konnten.

Leben ist ein Nichtgleichgewichtsphänomen, das sich dem allgemeinen Trend der Zerstörung und des Zerfalls entgegenstemmt, indem es sich eines sehr hohen Energiedurchflusses bedient. Ohne die Sonne, die Erdwärme und die chemische Energie gäbe es kein Leben auf der Erde. Lebewesen sind wie Durchlauferhitzer, sie stehen in einem kosmischen Energiefluss, dessen Quelle die Sonne ist. Aber die Erde würde sich immer weiter aufheizen, wenn sie nicht in der Nacht den allergrößten Teil der aufgenommenen Sonnenenergie wieder ans Universum abgeben könnte. Das Universum hat sich seit Beginn seiner Expansion vor knapp 14 Milliarden Jahren auf die sehr niedrige Temperatur von minus 271 Grad Celsius abgekühlt. Nur weil die Sonne so heiß und das Universum so kalt ist, kann auf unserem Planeten ein Astrophysiker eine kleine blaue Traubenhyazinthe bestaunen.

Spätestens an dieser Stelle muss uns allen klar geworden sein, was das Universum mit der kleinen blauen Traubenhyazinthe zu tun hat: Alle Lebewesen auf der Erde bestehen zu 92 Prozent aus Sternenstaub, sie verarbeiten auf die ein oder andere Art das Licht der Sonne, und der Mond hat zur Stabilisierung der Erdbahn beigetragen. Sonne, Mond und Sterne, sie alle waren beteiligt – unglaublich, aber wahr und eine sehr erhebende Feststellung, finden Sie nicht auch?

SONNE, MOND UND STERNE, SIE ALLE WAREN BETEILIGT – UNGLAUBLICH, ABER WAHR UND SEHR ERHEBEND.